GUANGXI ZHIYE JIAOYU JIANZHU ZHUANGSHI ZHUANYEQUN FAZHAN YANJIU

广西职业教育建筑装饰专业群发展研究

主　编：陈　良

副主编：伍忠庆　邓春雷　李　妍　欧丰华

参　编：李如岚　罗秋怡　梁　仓　韦　霜
　　　　黄　翔　尚昆旻　朱正国　梁译匀
　　　　杨　薇　卢国享　李　佳　刘远兴
　　　　龙春琳　蒙昌海　卢　愚　唐　磊
　　　　刘　曼　刘一莹　赵　洁　吴　平
　　　　黄晶晶　何　川　郑　叶　覃玉丹
　　　　陈德丽　凌　晓　厉杭姣　焦李媛

湖南大学出版社

图书在版编目（CIP）数据

广西职业教育建筑装饰专业群发展研究/陈良主编. —长沙：湖南大学
出版社，2022.1

　ISBN 978-7-5667-2344-4

　Ⅰ.①广…　Ⅱ.①陈…　Ⅲ.①建筑装饰—教学研究—高等职业教育
Ⅳ.①TU238

中国版本图书馆 CIP 数据核字（2021）第 221818 号

广西职业教育建筑装饰专业群发展研究

GUANGXI ZHIYE JIAOYU JIANZHU ZHUANGSHI ZHUANYE QUN FAZHAN YANJIU

主　　编：陈　良
责任编辑：陈　燕
印　　装：长沙彩帝图文设计有限公司
开　　本：787 mm×1092 mm　1/16　印　张：20.25　字　数：311 千字
版　　次：2022 年 1 月第 1 版　　　印　次：2022 年 1 月第 1 次印刷
书　　号：ISBN 978-7-5667-2344-4
定　　价：68.00 元

出 版 人：李文邦
出版发行：湖南大学出版社
社　　址：湖南·长沙·岳麓山　　　邮　　编：410082
电　　话：0731-88821006（营销部），88820006（编辑室），88821006（出版部）
传　　真：0731-88822264（总编室）
网　　址：http：//www.hnupress.com
电子邮箱：188559620@qq.com

前　言

专业群建设是职业教育提升内涵建设、转型升级、提质培优的最佳途径之一。广西从 2018 年起在职业院校中开展专业群发展研究基地项目建设工作，为建设高水平专业群提供研究平台。广西职业教育建筑装饰专业群发展研究基地项目为广西首批职业院校专业群发展研究基地，由国家"万人计划"教学名师、全国模范教师、特级教师陈良教授主持，主要研究建筑装饰专业群的构成及其逻辑关系、专业定位、实施策略、人才培养、课程体系、师资队伍、创新发明等问题，探索专业群对接产业链、岗位群、人才链的问题，研究专业与企业深度合作的促进办法，深化产教融合、校企合作，深入推进育人方式、办学模式、管理体制、保障机制改革，全方位培养高素质技术技能人才，推动并形成工学结合、知行合一的共同育人机制，发挥专业群的引领和辐射作用，实现教育教学水平和社会服务能力的整体提升。

本书是广西职业教育建筑装饰专业群发展研究基地项目（桂教职成〔2018〕37 号）的研究成果。全书共十一章，主要从广西职业教育建筑装饰专业群发展现状调研、建设目标及任务、人才培养模式、课程体系改革、师资队伍及名师工作室建设、实训基地建设、教学与实习管理、发展服务产业、一体化教学工作页开发、发展建设典型案例十个方面开展系统研究，内容有一定的典型性和代表性，可为国内同类职业院校开展专业群的研究提供参考和借鉴。

　　本书的出版及基地课题研究得到了南宁师范大学王屹教授、唐锡海教授、蓝洁教授等多位专家的支持和指导，也得到了湖南大学出版社的大力支持，在此深表谢意。

编　者

2021 年 5 月

目　次

绪论

　　我国建筑装饰行业经过多年的快速发展，已经成为一个市场需求旺盛、发展前景广阔的新兴行业。随着城镇化步伐加快，中国房地产、建筑业持续发展，建筑装饰行业显现出巨大的增长潜力，尤其是针对国家"一带一路"倡议的实施，沿线许多发展中国家对基建投资的需求提升，给国内外建筑装饰行业带来了巨大的市场机遇和发展空间。随着居民住房条件不断改善，装修需求档次提高，人们的感观体验和视觉要求不断提升，传统的建筑装饰装修方式无法满足社会的需求。除实用之外，更多的家庭注重硬装与软装，突出文化创意产业的特点和设计构成元素。职业教育是培养适应建筑装饰企业人才需求的重要平台，职业学校是人才输送基地。职业学校培养的建筑装饰类专业人才要适应企业需求，从传统的单一的专业发展到专业群的集群发展，专业群跨界对接产业和岗位，形成产业链和岗位链，从而促进专业群各专业共享和发展。

一、专业群的构成及其逻辑关系

1. 专业群的构成

专业集群主要对接产业链、岗位链、人才链的需求，研究该专业群各专业领域的发展趋势、专业建设、人才培养、师资培养、人才输送等关键问题，并提出有利于专业群人才培养及行业人才需求的可行性方案。一是以核心专业带动相近专业为需求共同发展，借助行业企业内"抱团取暖"发展的成功经验；二是在专业群各专业中落实"三教改革"，做到专业教师与企业技术专家合作，校企"双师型"教师对专业群的企业岗位能力进行分析，整合课程体系，注重教材建设，在专业课程内容上进行优化，将企业生产的典型案例应用到教材中；三是专业群遵循产、学、研、销四方联动思路，实现专业群教学资源共享及共同发展的原则；四是以开展专业群专业基地建设与发展的研究，开展专业群基于工作过程为导向的一体化教学工作页的开发及创新创造发明等系列实践研究。

广西职业教育建筑装饰专业群发展研究基地遵循专业群的构建原则，以建筑装饰为核心，集合工艺美术、广告设计与制作、服装设计与制作三个相近专业共同形成"建筑+艺术"跨界发展的专业群，专业群致力于专业人才培养模式、"双师型"师资队伍建设、课程体系建设、科技创新以及机制建设等的研究，聚焦建筑装饰产业、现代文化产业、民族文化产业领域的室内设计、文创设计、陈设品设计、软装设计等各典型工作岗位群，对接企业、行业转型的发展需要，遵循职业教育人才培养的规律，集群跨界培养出适应现代社会经济发展的技术技能人才，为建筑装饰产业的发展提供人才支撑。

2. 专业群逻辑关系

（1）专业群的构成及其逻辑关系。建筑装饰专业群对接装饰产业链、岗位链跨界集群，对接建筑装饰行业中的相关设计服务领域，其中，建筑装饰专业对接施工材料工艺和室内设计服务领域，工艺美术专业对接室内陈设品装饰设计领域，广告设计与制作专业对接展示设计与文创广告设计领域，服装设计与制作专业对接装饰中的软装与配饰领域。通过跨专业集群，对应不同的产业岗位，依据各专业间的相通性，使各专业能够互相协作，互相促进，具有较强的关联性，从而形成"建筑+艺术"的专业跨界集群逻辑关系，如图1-1所示。

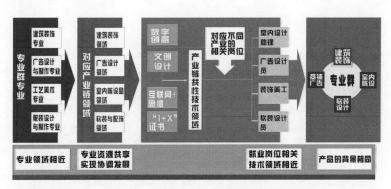

图1-1　建筑装饰专业群构成及其逻辑关系

（2）专业群人才培养定位与产业的对应性。专业群以建筑装饰专业为核心，对接行业技术典型岗位，培养具有装饰材料工艺分析、图形设计、室内设计、文创设计、室内陈设品设计、软装设计及配色等职业能力，能够胜任室内装饰设计、装饰工程施工、装饰工程预算、展示设计、软装设计、配色设计、家装顾问等工作岗位能力的复合型技术技能人才。

专业群建设能直接对接产业链、岗位群、人才链，我们可进一步对其进行分析。如建筑装饰专业对接的产业链是空间装饰装修，对应的岗位群就是室内设计员与施工员等相关岗位群；广告设计与制作、工艺美术、服装设计与制作专业对接的产业链就是展示与文化创意设计、室内陈设设计、家居软装设计等，对接的岗位群是平面设计员、室内陈设品设计员、软装设计员等相关岗位群。通过对专业群的整体分析，对后期专业群人才培养、教材建设、课程体系建设、师资队伍建设及教育教学方法提供了改革和研究的依据，为建筑装饰专业群培养适应社会经济发展的技术技能型人才提供支撑。

二、专业群建设发展的目标定位

广西职业教育建筑装饰专业群建设发展的目的主要是研究专业群对接产业链、岗位群、人才链的各要素，探索专业群与企业深度合作的促进办法，推动并形成产教融合、校企合作、工学结合、知行合一的共同育人机制，发挥专业群的引领和辐射作用，实现教学水平和社会服务能力的整体提升，如图1-2所示。主要体现在：

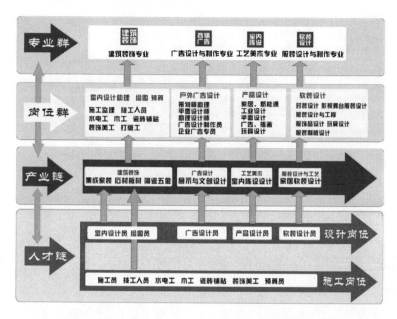

图1-2　建筑装饰专业群对接产业链、岗位群、人才链

其一，根据建筑装饰文化产业的发展趋势，校企可以共同制订专业群的建设方案，开展专业教学改革，使各专业课程和技能训练项目相互交叉渗透，便于实现资源共享、降低教学成本、提升人才培养质量的目的。

其二，开发基于工作过程为导向的一体化教学工作页，研究解决专业群建设、人才培养标准、课程体系及人才输送等问题，实现核心专业带动相近专业，实现资源共享，提升专业群内各专业的办学实力和办学质量，形成该专业群的建设成果，使该专业群引领广西职业教育专业教学改革与发展。

其三，开展建筑装饰行业的新技术、新材料、新工艺的研究，立足专业群开展"三教改革"、乡村建筑与智能化研究、民族建筑技艺传承研究等研究项目，为基地开展专业群建设发展研究及企业提供技术支撑。

三、专业群建设与发展举措

1. 构建校企协同育人模式，有效提高人才培养质量

校企合作、产教融合是职业教育的本质特征，可以提高职业学校与产业发展的契合度，增强职业教育服务于经济和社会发展的能力，专业群构建校企协同育人模式是职业教育培养适应社会经济发展提供技术技能人才的保障。校企协同育人是指通过企业、行业协同参与学校的育人工作，把企业需求、学校育人和学生成才三者有机结合，从而提升技术技能人才培养质量。

建筑装饰专业群发展研究基地主要着眼于推动校企合作、产教融合，形成工学结合、知行合一的共同育人机制，在专业群中实行现代学徒制和企业新型学徒制，做到校企共同研究专业设置、共同制订人才培养方案、共同开发校企"双元"课程、共同开发教材、共同组建教学团队、共同建设实训实习平台，紧密对接建筑装饰产业链、岗位链、人才链，从而推动专业群集群式发展，充分发挥校企合作企业在人才培养过程中的主体作用。尤其在育人过程中实现校内教学工地生产性模拟教学与企业教学工地真实生产教学相贯通，突出学生动手能力和工程项目操作技能的培养，充分调动和激发学生的学习兴趣，提高教学质量及人才培养质量，为社会培养高素质的技术技能人才。

2. 重构校企共建课程体系，突显实际岗位的关键技能

建筑装饰专业群校企构建基于岗位链的"共同通识基础课+相通专业基础课+共享专业课+职业技能证书课程"的特色课程体系，坚持专业群各专业以能力培养为核心，开展"1+X"考证对接，以岗位技能训练为重点，以生产实训基地为依托，围绕建筑装饰行业的职业标准和岗位能力，突出建筑装饰应用实践能力培养，构建以室内设计、展示文创设计、室内陈设品设计、家居软装设计为岗位链的实践课程体系，注重新技术、新工艺与企业标准同步，在专业课程体系设置上对接企业行业标准，在培养目标、专业设置、课程设置、工学比例、教学内容、教学方式、教学资源配置等方面做到"七个衔接"。将校本课程与社会实践项目深度融合，将所学专业与生产项目有效对接，以工学交替的形式丰富课程内容，确保开设课程与专业技能需求相吻合，实现专业课程标准与企业岗位标准无缝对接，如图1-3所示。

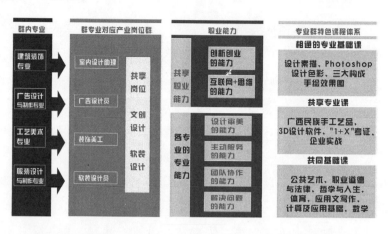

图1-3　专业群对接产业链、岗位链特色课程体系

3. 组建专业群校企师资队伍，培养职业教育创新型教学团队

建筑装饰专业群以国家"万人计划"教学名师陈良教授和国家工艺美术师谭湘光为引领，组建"双师型"师资队伍，同时在校与企、产与教深度融合的基础上，借鉴德国"双元制"①的职业教育典型范例，遵循职业教育人才培养规律，注重教师团队的创新发展，由"双师型"团队全程参与育人活动，同时整合校企双方资源，制订和实施专业群师资队伍培养计划，形成以专业群为核心的师资队伍，提高各专业师资的水平，建立教师学习的激励机制，注重培养专业带头人、骨干教师和优秀青年教师。通过组织人员进行国内外进修访学、承担课题、企业兼职等方式培养专业带头人和骨干教师，同时通过参与课题、承担专业优质核心课程建设、企业跟岗等方式培养"双师型"教师，聘请企业技术骨干或能工巧匠为兼职教师，制订和实施专业群师资队伍培养计划，鼓励并安排专业教师深入第一线进行生产实践、服务和管理工作，努力提高教师教学和技术技能水平，

---

① 双元制是源于德国的一种职业培训模式。所谓双元，是指职业培训要求参加培训的人员必须经过两个场所的培训，一元是指职业学校，其主要职能是传授与职业有关的专业知识；另一元是指企业或公共事业单位等校外实训场所，其主要职能是让学生在企业里接受职业技能方面的专业培训。

努力建设一支教学水平高、实践能力强的职业教育创新型的师资队伍。

4. 对接产业服务产业平台，提升专业群服务能力

以广西职业教育建筑装饰专业群发展研究基地为平台，建立产业平台研究中心，对接建筑装饰产业需求，围绕国家重大战略和区域经济发展需要，对接产业链，提升专业群服务产业链的能力，强化专业技术技能人才积累，共建集人才培养、团队建设、技术服务、产品营销于一体的应用技术协同创新平台，校企共同攻克技术难关，从而更有效地服务于职业教育与区域经济发展。

发挥建筑装饰专业集群的优势，对接国家脱贫攻坚项目，主动服务于乡村振兴，面向在校学生和社会成员开展建筑装饰行业职业培训。主动承接政府和事业单位组织的职业培训和考试工作，按照国家相关要求组织开展面向退役士兵、下岗职工、农民工和新型职业农民的职业技能培训，服务社区教育和终身学习。发挥建筑装饰专业集群和东盟区域优势，做足边境特色，打造国际化品牌，加大国际化交流水平，采取"请进来，走出去"的方式，把技术带出国门，为国家"一带一路"倡议的建设服务。

5. 开发专业群一体化教学工作页，提高专业群专业教学质量

工学结合的一体化课程是将理论与实践结合的课程，而一体化教学工作页是一体化课程的主要载体。其内涵是打破传统的学科体系和教学模式，根据专业岗位项目需求，重新整合教学资源，主要突出能力体现，注重理论教学与实践教学的融合与统一。工作岗位与能力培养的对接，学生体验到真实的工作过程，获得知识，实现有效学习。建筑装饰专业群对接产业链和岗位群开发了系列课程一体化工作页，在开发过程中注重学生专业技术的学习、教育的过程和职业的导向。尤其在核心课程工作页的开发中把完整的工作过程，通过媒介等手段，把具体工作情景置于教学过程中，以职业思维来构建教学过程，实现在工作中学习，在学习中工作，要从工作中来到工作中去。专业群核心课程要体现专业能力，课程的设计和开发就要更加注重以工作任务为基础，确定一体化课程开发技术路径，如图1-4所示。

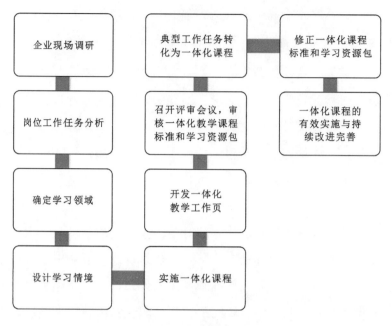

图 1-4　专业群一体化教学工作页开发流程

6. 开展专业技术创新，提升专业人才的创新能力

建筑装饰专业群研究基地对接产业开展创新型发明研究和专业技术实践。针对目前建筑装饰行业中出现的新技术、新工艺的问题，专业群研究团队开展校企联合对接产业关键技术问题研究，从技术创新的趋势、实体、核心技术、新工艺、新技术等方面进行探索。在解决问题的过程中，通过校企师资团队与学生联合开展创新创造活动，针对产业的实际问题开展技术攻关和专利发明，激发师生创新发明的潜能，既解决了产业中关键技术的问题，又培养了学生的创新能力。

专业群建设是提升职业教育专业内涵、提高人才培养质量的重要举措，组群的核心是分析各专业之间的关联性，对接产业链、岗位群和人才链。明确专业群建设和发展目标定位，准确把握各专业的人才培养要求，明确专业群的发展措施，注重专业技术及人才培养质量的研究，构建人才培养标准和评价机制，形成学校育人与社会、企业人才需求同步，从而实现教学质量和人才培养质量的持续提升。

第二章

广西职业教育建筑装饰专业群发展现状调研

广西职业教育建筑装饰专业群现状调研通过行业基本情况、行业面临的形势及掌握传统优势行业的总体状况，从行业人才需求现状及发展趋势等方面了解行业从业人员的内部结构状况，及时把握企业对建筑装饰专业群人才素质的要求，更好地应对产业转型升级。立足广西，面向全国，以建筑装饰专业为核心专业，带动工艺美术专业、广告设计与制作专业、服装设计与制作专业在创新人才培养模式、深化课程体系改革、加强"双师型"师资队伍建设、夯实基础教学与实训能力、提高教学与实习管理水平、提升服务发展水平等方面开展改革创新，更好地培养适应生产、建设、管理服务第一线需要的高素质技能型人才。

建筑装饰专业现状调研

一、概述

我国职业教育的根本目标是培养生产、建设、管理和服务第一线需要的技术型、技能型人才，职业学校是我国职业教育的主要实施主体。职业教育作为类型教育，在促进人的能力和素质走向全面发展和社会的可持续发展的过程中不断体现出其价值。"职业教育面向社会各个方面，面向各个阶层，面向人人""坚持职业教育的公益性质""健全学生资助制度"。在中国的现代化进程中，职业教育在经济社会发展全局中的地位愈加凸显，职业院校的公益事业性质更加突出。

职业教育人才培养模式的发展与社会的政治、经济、文化、教育等各方面因素息息相关。随着社会对职业技术人才素质要求的变化，职业院校不断地审视并创新现有的人才培养模式。为此，建筑装饰专业，在创新学校人才培养模式上，要提高教学质量，优化专业结构，形成具有区域特色和中职特色的专业；制订招生专业的培养目标、人才培养计划，全面提高人才培养质量；提高学生的实践能力、创造能力、就业能力和创业能力，培养适应生产、建设、管理和服务第一线需要的德智体美劳全面发展的高素质技能型专门人才。

二、行业的总体状况

1. 行业的基本情况

目前，建筑装饰行业市场相对比较混乱，各种装饰公司及个人包工鱼目混珠，施工质量参差不齐。特别是个别区域的务工人员以低价个人包工形式作业。还有部分装饰公司缺乏专业性，既不能提供优质的服务，也无法提供良好的售后服务。

2. 行业面临的问题

建筑装饰行业是一个专业技能要求较高的行业，从业人员须具备过硬的专业知识。有些业主只看到装修表面，认为随意找两个专业的做工师傅自行设计就可以完成整个流程及工序。部分不负责任的装修公司无法保证质量及售后服务，以全包价形式诱导客户，待签约后，以各种理由升级服务内容，客户为了居住便利及材料安全往往会选择变更等，正是由于市场不规范及建筑装饰公司内部管理混乱，给装饰行业造成了不良影响。

三、行业从业人员内部结构状况

1. 行业人才需求现状与发展趋势

建筑装饰行业以服务大众为导向，是多工种互相协调的成果，具有一定的应用价值。建筑装饰行业的发展离不开多元化、高层次的复合型人才的培养。

2. 从业人员现状及发展需求

目前的从业人员现状是部分工人知识文化水平偏低，知识接受能力较弱，且自我控制能力有限，不能很好地扮演公司主人翁角色。因此，从事建筑装饰行业的技术人才应定位为集设计、施工建设、管理和服务于一体的高素质综合性人才。

3. 技术管理及经营管理人员队伍

未来发展将需要大量有知识、有文化、具备一定素养的高素质技能型专门人才。

四、企业对建筑装饰专业人才素质要求情况

经过对多地的装饰公司进行考察，研讨如何改进工地管理规范及施工工艺标准要求等工作，产生了一些对行业发展的体会，一个优秀的企业除了有专业、专门的设计、管理、施工等人员，还应有良好的企业口碑及催人向上、引领潮流的企业文化。建筑装饰专业人才应具备如下几点基础素质：

第一，掌握必备的专业知识；

第二，具有较强的专业技能和与生产过程相关的能力；

第三，具有良好的职业素质。

五、专业岗位工作任务与职业能力确定

1. 职业岗位分析

随着经济的飞速发展，人们的生活水平逐渐提高，房地产发展火热，这给建筑装饰行业带来了很多的就业机会。随着科技的发展，新技术、新材料、新工艺等也给建筑装饰行业提供了更多的职业岗位，如设计、材料、施工、质检、造价等。

2. 适应的业务范围

（1）主要就业单位：建筑装饰施工企业、建筑装饰设计公司、建筑装饰造价咨询企业、建筑装饰监理咨询公司、房地产公司等。

（2）主要就业部门：建筑装饰施工技术部、质检部、资料部、装饰工程造价管理部、监理咨询部、市场部、设计部等。

（3）可从事工作岗位：建筑装饰工程施工员、装饰工程造价员、装饰工程设计员、绘图员、业务员、监理员、建筑质检员、资料员、材料员等。

3. 人才培养目标

本专业以市场需求为导向，面向建筑装饰行业生产一线，设置基于工作过程导向的课程体系，通过工学结合的教学模式，培养德智体美劳全面发展，能够掌握建筑装饰设计技术基本理论，具备建筑装饰工程设计与施

工等方面的能力，能胜任建筑装饰企业设计与施工等职业岗位技术工作，具有职业生涯发展基础的高级技术技能应用型人才。

六、课程体系的改革

1. 理论教学体系的改革

目前，在建筑装饰专业职业教育方面还有很多不足的地方，学生的一技之长也不能迎合市场发展的需求，综合素质偏低，可持续性较差。而建筑装饰行业无疑需要一批有知识、有能力、能做事、能创新的高技能人才。因此，在学校的理论教学体系中，必须要给学生打好扎实的基础，及时更新理论、技术等，做到与时俱进，且要融入素质教育、思政教育等，培养全面发展的综合性高素质人才。学生的技能培养，影响着整个职业教育的发展，应更注重理论与实践的结合，学以致用，在学中认知，在做中理解。

2. 实践教学体系的改革

在实践教学方面，学校应加强与企业之间的联系，共同制订教学计划及课程内容，使教学内容更加符合市场需求。在理论知识的基础上，有针对性地加入符合行业需求的实训内容。专业负责人和教师团队把握专业的未来发展方向，与企业共同制订专业发展计划，引导、协调、组织教学活动。组织建设一支懂理论、更要擅长实践的"双师型"师资队伍。

七、调研结论

城镇化进程加速和居民消费能力不断提高，推动了建筑装饰行业的快速发展。目前，中国城镇化进程在不断推进，随之产生的住房需求增加带动了房地产、建筑、建材、住宅装饰等相关产业的快速发展。社会变革带动了建筑装饰专业的发展，也增加了社会对建筑装饰人才的需求。人均收入水平的提高带动消费结构的升级，人们对居住环境的品质也提出了更高要求，高档次、个性化住宅装饰消费需求逐步扩大，配套服务的标准也在不断提升，住宅装饰需求由简单的满足基本居住属性向家居文化转移，扩大了建筑装饰的市场需求规模，对装饰的工艺、材料、质量、档次、精细化程度也提出了更高的要求，推动了建筑装饰行业整体水平向更高的层次发展。

现有存量住宅装饰耐用年限通常为 8~10 年，住宅在整个使用寿命周期中，存在进行多次装修的需要。随着存量住宅装修耐用年限的到来，大量住房的二次装修需求将会逐步呈现；同时，随着二孩、三孩政策的放开，人居需求住房面积正在逐步增长，由此带来换房引发的二次装修需求。上述两种情况的改善性装修对装修品质的要求亦更高。可以预见，存量住宅将成为未来装饰市场需求的重要增长点，住宅装饰行业亦是一个"资源永续、业态常青"的行业。

八、专家论证

建筑装饰行业发展前景广阔，对行业技能人员的集中化、优异化、专业化素质要求越来越高。职业院校应该在做好教学工作的同时，更加注重学生的技能培养，提高学生的就业能力。

工艺美术专业现状调研

一、概述

随着时代的发展和市场化经济的不断变革，任何专业都要紧随企业的岗位技能需求和市场经济变化进行系列化课程改革。工艺美术专业的调研就是基于专业化课程改革和人才培养目标及要求实施并开展的活动。针对工艺美术专业进行调研，可以了解市场需求的动态、人才需求的层次、行业发展的特点等，对专业课程改革、人才培养目标定位、课程设置、教学内容和教学方法改革等具有重要的意义。

二、行业的总体状况

1. 行业的基本情况

工艺美术行业从国家"十一五"规划开始，随着市场经济的改革与发展，每年以23%左右的速度增长。据不完全统计，到2019年，全国从事工艺美术行业年经济产值在500万以上的企业达到5 600多家，年产值超过2 500亿，直接从业人员超过600万人，相关从业人员超过1 200万余人。行业规模不断创新高，市场发展蓬勃兴旺。2015年以来，国家不断出台了《非物质文化遗产传承发展工程实施方案》《传统工艺美术保护条例》《中国传统工艺振兴计划》等支持工艺美术行业发展的政策。2019年上半年，我国工艺美术企业营收同比增长 5.9%，利润同比增长 14.6%，出口同比增长 14.8%。工艺美术行业将伴随着新技术、新材料、新工艺的应用和信息化时代的发展更上一个台阶。

广西工艺美术发展情况特色明显，生产企业 2 000 多家，从业人员 150 多万人，钦州市、桂林市集聚着数量较多的从事工艺美术设计和生产的作坊型小微企业、家庭式手工艺人。比较知名的工艺美术作品有壮锦、绣球、坭兴陶、贝雕、木雕、竹艺、少数民族服饰、染织布艺等（如表 1 所示）。

表 1　广西传统工艺美术品种和技艺目录

序号	类别	品种和技艺名称	序号	类别	品种和技艺名称
1	工艺雕塑类	贝雕画	20	金属工艺和首饰类	壮刀
2		竹雕	21	其他工艺品类	羽毛画
3		柳砚	22		工艺团扇
4		毛南族木雕傩面	23		剪纸
5	刺绣和染织类	壮族刺绣	24		瑶族黄泥鼓
6		瑶锦	25		麽乜
7		苗锦	26		渡河公
8		苗族蜡染	1	抽纱刺绣类	壮锦
9		白裤瑶粘膏画	2		绣球
10	艺术陶瓷类	赤江陶	3		瑶族刺绣
11		邕州红陶	4		侗族刺绣
12	编织工艺类	草编	5	艺术陶瓷类	坭兴陶
13		竹编	6		小江瓷
14		芒编	7	编织工艺类	侗族草龙草狮
15		藤编	8	金属工艺类	铜鼓
16		毛南族花竹帽	9		苗族银饰工艺
17		宾阳炮龙	10	其他工艺品类	角雕
18		麦秆花篮	11		侗族木构工艺
19	工艺家具类	明式桂作家具	12		瑶族大花炮

近五年来，广西工艺美术行业在自治区政府的支持下，在行业协会的组织推动下，积极发展，不断开拓创新。通过组织名师精品创作工程和八桂天工展览及评比活动，推动了广西工艺美术行业快速健康发展，涌现出了一大批工艺美术精品，同时，不断培育工艺美术人才。另外，钦州市政府专门划拨土地为坭兴陶产业发展提供产业区基地，完善陶艺产业链，促进了地方工艺美术行业的发展。目前，广西已经形成的 20 多个特色经济区域中有 8 个市级工艺美术产业特色经济区域。

2. 行业面临的形势

以习近平同志为核心的党中央引领全国人民进入快速、健康发展的新时代，党中央做出了振兴中国传统工艺产业的重大决策，中央和地方政府从政策上和财政上支持工艺美术行业的升级、转型、人才培训等，中国工艺美术行业迎来了春天。当前，我国处于信息化转型期，改革开放进一步扩大，"一带一路"倡议逐渐影响着中国和世界，世界文化大融合、大碰撞，工艺美术行业面临着新材料、新工艺不断创新，民族文化的传承依托技术革新应对被时代淘汰的挑战。

广西工艺美术行业发展有自己的特点，广西的壮锦蜡染、扎染，浦北的白瓷，钦州的坭兴陶等手工艺品和旅游纪念品在 21 世纪初期发展火热。这些产品包含着社会历史、广西民族民间传统文化与人类文明，将物质文明与精神文明融于一体的广西民间工艺美术产品曾成为推动地方经济发展和文化建设的一个重要组成部分。随着改革的深入，信息化技术、工业化和城镇化的发展，大数据时代的到来，大众通俗娱乐文化的兴盛，很多民间工艺美术失去了赖以生存的文创市场与消费群体。西式文化、快餐文化、选秀文化兴起，欣赏与使用民间工艺的受众群体范围逐渐萎缩和消解，不少民间工艺匠师们的技艺传承后继无人，新技术和新材料、制作的新工艺以及创新意识也连带性的停滞，工艺美术的产业化处于发展的瓶颈状态。

2019 年底暴发的新冠肺炎严重影响了中国经济和世界经济的运行，中国全体人民众志成城，积极应对，度过了最艰难的时刻。工艺美术市场也在逐渐复苏，国家推进一系列复工、复产、复业的重大举措，将经济逐步纳入正常的运行轨道。但是世界经济的复苏乏力，国际工艺美术市场需求持续低迷，工艺美术行业的人工成本增加，市场消费疲软，给工艺美术行业的发展带来了不利的影响。

三、行业从业人员内部结构状况

1. 行业人才需求现状与发展趋势

工艺美术行业的人才需求是多种多样的。工艺美术分类很多，按照行业特性主要有礼品公司、工艺美术公司、纪念品公司、珠宝首饰公司、装饰艺术品公司、设计院、装饰装修公司、传统玉雕、陶艺等。从业岗位主要有：工艺品助理、工艺美术师助理、工艺美术师、高级技师等。技能和职称等级越高的技术型人才越是企业需求的。随着信息化社会的发展，工艺美术行业对于岗位人才需求也有了变化：要求能够具有创新思维，能够系统掌握基本的美学理论和装饰艺术设计基本原理，有一定的实践能力和创业精神，能够独立研发设计与制作出三维立体图效果，并对基本工艺流程有一定了解，了解市场并能组织商业策划和市场营销。

从工艺美术人才市场需求来看，创意设计类的高技能人才需求越来越大，岗位要求大专以上学历，并有一定的艺术设计基础和实践工作经验，具备手绘出图能力和相关计算机操作能力。很多企业在招聘人员时会现场要求技能操作演示，另外，职业素养沟通能力及团队精神也是企业评价人才的一个重要标准。对于专业性比较强的岗位，还要求具备初级及以上的职业资格证书，且有快速进入工作状态的能力。

2. 从业人员现状及发展需求

工艺美术从业人员主要来源于自由职业者和学校毕业生两个方面。社会自由职业者一般文化程度不高，没有经过系统的专业培训，对理论知识和职业素养有一定的欠缺，但是他们通过师傅手把手地教授可以很快地从事一些要求不高的工作。学校的毕业生实践能力较差，在企业的岗位适应性有欠缺，但是具备一定的专业知识和职业素养，经过短期的技术培训和岗位试用，可以很快地适应企业岗位需求。当前市场竞争激烈，工艺美术行业需要的更多的是高级技术技能型人才。

在就业形势越来越严峻的情况下，未来的从业人员需要具备较高的综合素养和专业修养，能够系统地掌握从事工艺美术专业的基本理论知识、技能和管理理念，能够很快地适应工作岗位，具备较强的实践动手能力和行业适应能力，具备艺术气质和文化，具备服务意识和企业团队精神。

四、企业对工艺美术专业人才素质要求情况

1. 掌握必备专业知识

掌握艺术设计基础知识、基本理论与基础方法，熟悉工艺美术领域所需的形态设计、设计表现与工艺制作等知识与技能，具备扎实的专业功底、领先的审美判断、务实的现代工匠精神，以及相应的设计思维、表达能力、沟通技能。

2. 具有较强的专业基本技能和与生产过程相关的基本能力

首先，应具有扎实的理论基础、较宽的专业知识面，在实践工作中具有一专多能的本领。其次，表现在对学生进行实践能力的培养上，实践性教学总学时一般不低于理论课总学时。编制实践教学大纲和考核办法，改革实践教学内容，减少演示性、验证性实验，设计性、综合性实践通过教学中的实验、实训、课程设计等实践环节的训练，逐步形成培养学生职业技能、职业综合能力和职业素质有机结合的实践教学体系。同时，加强校内外实验、实训基地建设，以满足提高学生处理和解决实际技术问题的能力。

3. 具有良好的职业素质

具有较强的实践能力和创新精神，能够在文化企事业单位设计研发与工艺制作等相关岗位上开展工作；具有良好的职业道德，能自觉遵守法规、行业规范和企事业单位的规章制度；热爱生活和自然，热爱工艺美术专业，具有与社会需求相适应的职业理想；有创新精神和服务意识，掌握必需的现代信息技术，具有较好的人文素养，具备一定的就业和创业能力；具有良好的人际交往、沟通交流与社会适应能力；诚实守信，具有职业素养和岗位责任意识；具有职业所需的审美能力和批判意识。

五、专业岗位工作任务与职业能力确定

1. 职业岗位分析

近年来，随着城市环境、房地产、旅游业等方面的飞速发展和人民整体生活水平的不断提高，人们开始追求有品位的居住环境质量，由此理解环境设计和生活质量不可分离。尤其是房地产市场的不断发展，对装修装潢人才的需求量越来越大，装修装潢发展前景十分看好。据报道，未来人才需求量第二位的职业就是装饰装潢业（工艺）。目前，家装业、广告业对人才的需求十分旺盛，工艺美术专业的前景是非常广阔的。我们的学生应确立自信，珍惜良好的发展环境，关心社会发展，关注时尚生活，注重培养自己的专业技术能力、创新能力、社会适应能力，培养团队精神和合作意识，除了学习掌握专业技能，更要提升个人素质。

2. 适应的业务范围

表 2　工艺美术专业适应的业务范围

序号	对应职业（岗位）	职业资格证书举例	专业（技能）方向
1	①壁画画稿 ②壁画制作	壁画制作工 工艺品雕刻工 室内装饰装修设计员 室内装饰施工员 平面及多媒体设计制作工 印务设计制作工 产品设计员 金属摆件工 陈设品制作工 陶瓷装饰工 纤维工艺设计员 纺织面料设计员 地毯设计员 家纺饰品设计员 首饰设计员 贵金属首饰手工制作工	壁画
2	①雕塑设计 ②雕塑制作		雕塑
3	①室内装饰设计 ②室内装饰工程 ③精细木工		室内设计
4	①民间工艺制作 ②工艺品雕刻		民间工艺
5	①金属摆件设计 ②金属摆件制作		金属工艺制品 设计与制作
6	①贵金属首饰手工制作 ②首饰设计		装饰制品设计与制作
7	①陈设品设计 ②陈设品制作		陈设品设计与制作

3. 人才培养目标

本专业坚持立德树人，面向工艺美术行业各专业方向，培养具有一定现代科学文化素养，具有本专业所必需的技术技能，有独立工作能力，掌握一定工艺美术理论，具有良好职业素质，德智体美劳全面发展的高素质劳动者和技能型人才。

六、课程体系的改革

1. 理论教学体系的改革

中国的艺术设计教育肇始于 19 世纪后半叶，经历了"工艺传习—图案设计—工艺美术—艺术设计"这一历史进程。理论课程对提高学生的人文素养、培养创新思维和鉴赏能力有着不可替代的作用，然而在具体的教学过程中，理论课程的教学效果却不尽如人意。

更新观念、转变方式、重建制度，即更新教与学的观念，转变教与学的方式，重建学校管理制度与教育评价制度。转变传统的教与学的方式，可以通过改变学生的学习方式，赋予学生自主学习能力、与人合作能力、自主决策能力、收集处理信息能力、解决实际问题能力。

2. 实践教学体系的改革

专业理论课主要针对学生对知识的掌握、理解和实践运用的能力，通过统一命题、统一阅卷或课程答辩进行考核。专业实践课主要考核学生综合运用知识、实践操作的能力水平。通过过程评价，对学生学习状态、职业素养、动手能力、协作能力等方面进行考核；通过结果评价，对学生工作任务或项目完成情况进行考核，将过程评价与结果评价按比例计入课程成绩。有的课程可以与社会考核相结合，课程结束后，组织学生参加社会认可的职业资格考核，取得相应的职业资格证书。综合实训和顶岗实习要由专业教师、兼职教师、企业指导教师等共同评价，主要对学生实习实训期间的工作情况、协作能力、技术能力、劳动纪律和任务完成情况进行考核。

七、调研结论

我国的工艺美术正处于传统手工艺在体制和内容上脱胎换骨、现代工艺美术和传统手工设计方兴未艾的双重转变时期。一方面，面对时代和社会的需求，这个行业的发展；另一方面，面临企业不景气、门类萎缩的局面。造成这种局面的原因是多方面的，国家经济体制的转变是基本原因，人才的缺乏也是十分重要的因素。就传统手工艺行业来说，传统技艺的继承已十分艰难。调查表明，广西职业技工院校中有高级工艺美术师职称的在职手工艺人才集中在广西工艺美术学校和广西艺术学院，其他中职学校还比较稀缺，教学单位聘请的民间名师和国家级工艺美术名师较少，培养的职业技能人才欠缺。许多适应现代生活需求的手工艺产品具有巨大的潜在市场，但其产量远远没有达到应有的市场份额。不少职业学校的专业教学中缺少出色的设计和工艺教师，根本原因还是缺乏优秀的设计和制作人才。要培养一大批设计技术人员和专业制作人员，单靠高等院校远远不够，中等工艺美术职业教育在这方面是责无旁贷的。

八、专家论证

工艺美术专业教学改革的总体指导思想应是：从 21 世纪工艺美术行业对专业人才的素质要求出发，将过去以培养既定岗位的专业技艺能力为主的教学，改革为培养具有创新设计能力为主体的综合能力教育，以适应宽广的工艺美术行业各种专业岗位，且能获得进一步发展。为此，在改革中应遵循以下原则：

（1）拓宽专业适应面。学生既能打下较稳固、较全面的专业基础，又能在毕业后根据人才市场的需求和个人发展意愿，适应宽广而多变的工艺美术行业和市场。

（2）构建体现以培养综合能力为核心的教学体系。注重各类教学、各门课程的有机组合以及相互渗透，改变片面强调学科系统和单纯性技艺传授、各类教学相互隔绝、内容重复的传统课程体系。

（3）以培养新型智能结构为目标进行课程改革。增加体现地方特色、体现新知识和新技术以及与发展市场经济有关的课程或教学内容，如当地的民族民间工艺、现代手工艺、信息技术、计算机设计等，精简内容陈旧和与所需必要能力关系不大的课程。

（4）推进模块化课程结构，强化主干课程教学，精简必修课，增加选修课，允许学生跨专业（专门化）选修对自己今后有用并感兴趣的课程。

（5）加强和改革文化基础教育，提高学生科学、文化和艺术素养，使学生有足够的知识能力适应新时期社会的发展。

（6）加强实践教学。实习教室（工场）的软硬件建设要体现出手工技艺训练与运用现代化工艺美术生产技能训练并重的原则。专业设计与毕业设计要与参与承接社会项目、参与设计制作竞赛、参与投标、举办展览会等实践活动相结合。

（7）改进教学方法和考核方法，鼓励学生提出新创意。考核方式既要规范化，又不能单一化。在高年级设计和实践课程中，允许学生以承接社会项目的效果作为成绩或参考成绩。

（8）推进运用现代化教学手段。推进多媒体技术和网络技术在教学中特别是在形象性的艺术设计教学中的运用。

（9）加强和改进德育教育。针对艺术类中职学生的思想特点，以职业教育为中心，将树立学生正确的世界观、价值观、艺术观、就业观的教育结合起来，贯穿到学校教书育人、管理育人、服务育人、环境育人的全过程中的教育体系。

广告设计与制作专业现状调研

一、概述

针对广告设计与制作专业进行全面系统的分析调整，对专业发展规划和人才培养方案重新定位并做出部署。为此，我们教研组利用近半年的时间，走访了相关企业及同类院校，及时获取了一手颇具研究价值和借鉴意义的行业信息，为我们后续修订和调整本专业人才培养方案，起到了积极的作用。

二、行业的总体状况

1. 行业的基本情况

随着互联网的迅速发展，传统广告模式也遇到了前所未有的挑战。有效时间短、制作成本高、阅读人数少、表达信息量有限、感染力差等似乎已经总结了传统媒体的命运，从前在广告界的半壁江山随着互联网的普及开始举步维艰。而广告业要向前发展，设计师必须紧跟人们的需求并保持思想与时俱进。

2. 行业面临的形势

网民规模扩大，品牌商对用户数据愈加重视，网络早已成为广告营销的主要阵地。互联网以及移动互联网广告具有受众面广、传播速度快、制作成本低等特点，在互联网经济不断发展的背景下，互联网必将不断介入广告行业，不断扩大占比，互联网广告市场规模的增长率远远大于广告行业市场规模的增长率。

三、行业从业人员内部结构状况

1. 行业人才需求现状与发展趋势

当前，为适应我国经济发展需求及人才结构的变化，迫切需要大批有文化、有知识、能够将先进科技成果转化为生产力的高素质的技术、技能型高级人才。重视和发展职业教育，已经成为世界各国提高劳动者素质和实现现代化的迫切要求。

进入 21 世纪，中国广告设计行业产值一路攀爬，增长速度加快。据不完全统计，目前，从事艺术设计的人员每年以万计的人数增长，从事广告设计艺术类人才培训的学校和教学机构也在不断地增加。与所有新型的软性服务行业一样，广告设计公司最重要和稀缺的资产就是人才。抛弃传统选才观念，对创意人员的招聘并没有特别强调平面设计专业毕业的学历要求，行业背景是基础，关键是有创意、有想法的人；媒体营销中心招聘对专业要求较高，一般要求有广告新闻专业学历及相关经验；广告高职务人员的要求比较偏重经验，如有大型活动操作经验，吃苦耐劳等。

2. 从业人员现状及发展需求

随着市场越来越规范，公司及其产品越来越注重形象和包装。广告设计是任何企业都必不可少的岗位，好的广告设计师能很好地维护公司的形象，并开拓市场。

很多人理解的广告设计工作就是将设计师的理念通过电脑转换成设计方案，只要熟悉软件操作，谁都能胜任。然而现在的广告市场需求纠正了这一想法。广告设计师岗位更强调"创意"和"设计"，需要有 3 年以上的工作经验，承接过室内设计、广告设计、CI 企业形象设计等多种项目，还要富有极强的创造性，能敏锐感知流行动向，对色彩有较高的敏感度，能根据客户的要求，结合市场信息进行产品外观设计分析；能根据设计分析、设计定位，有创意地提出多种设计方案，制作设计产品外观草图和效果图等；此外，还需要熟悉网络、影视、空间及环境设计等多个领域，具有美学、艺术学、广告学、色彩学等美术功底。市场上非常缺乏这样的人才，他们才是企业要挖掘的对象。毕竟如果只会做软件，那只是个优秀的制图人员，而有思想，有创意，才是优秀的设计师。

3. 技术管理及经营管理人员队伍

技术管理人员队伍要集众家之所长，了解第三方的长处，充分利用并与之发展良好的合作关系，以确保制作的品质与时间；了解最新的制作趋势、材料及概念；了解客户之所需，提供超出客户要求的制作及服务；不断地补充新的能量，阅读更多的相关书籍，以提高自身的工作素质。

经营管理人员队伍要具有一定的业务开拓能力和良好的沟通能力，对客户需求的准确判断能力，客户工作的统筹能力，危机事件的应变处理能力，服务客户所涉及的各类专业知识的掌握能力，对新事物、新行业的相关行业知识的吸收能力，对市场变化的敏锐观察力，高度的责任感，积极主动的专业服务精神，团队合作精神，部门综合管理能力，等等。

四、企业对广告设计与制作专业人才素质要求情况

1. 掌握必备的专业知识

核心技术：广告设计行业的核心技术主要是软件技术，其中包括办公软件技术（Office）和设计软件（Adobe），其中设计软件是核心，平面设计专业的软件主要是：Photoshop 修图软件、Coreldraw/Illustrator 矢量图制作软件、InDesign（Coreldraw 也具有同等功能作用）排版软件。

专业知识：设计基础理论、三大构成（平面构成、色彩构成、立体构成）、印刷工艺、设计与艺术作品赏析等。这些专业知识和理论，可以促进设计师对设计和艺术的理解和升华。

创作能力：好作品为王，没有别的办法，就是要多做多练，积累更多的作品。先学会鉴赏，再学会临摹，然后不断创作，不断提升。

行业知识：广告设计行业的创作管理流程等，这些可能需要通过实习和工作一段时间才能有所了解。

2. 具有较强的专业基本技能和与生产过程相关的基本能力

作为合格的优秀企业人才，首先需要掌握的就是与广告设计相关的专业理论知识，具备平面美术设计、图形图像制作、审美能力和可持续发展能力，能够较好地运用所学习的专业知识和技能，具备在广告设计相关行业从事设计和制作的能力。

生产过程包括生产和服务的流程，更强调人在工作中的活动，包括信息、计划、决策、实施、检查和评估等。因此，工作过程知识不仅是从学科体系的理论知识中引出来的间接知识或单一的操作知识，而且包括工作经验、生产目的与生产进程等方面的知识，也包括不同的劳动怎样与企业整体联系在一起的知识。同时，它强调以直接经验的形成掌握融于各项实践活动中的最新知识、技能和技巧。学生日后走上工作岗位，要成为一名出色的广告从业者，应该在实训和社会实践过程中，体验完整的工作过程和各项细节，掌握与生产过程相关的基本能力，逐步实现从学习者到工作者的角色转换，培养自身的综合能力。

3. 具有良好的职业素养

职业素养主要的含义就是职业观、就业观、学习观等与工作方法等方面的综合体现。包括：个人形象——仪容仪表、谈吐等，社交能力——沟通协调能力等，心理素质——抗压能力、责任心等。

五、专业岗位工作任务与职业能力确定

1. 职业岗位分析

职业岗位含数字媒体设计师（新媒体网络广告制作）、数码影像制作（摄制与后期）、数字图像工程师（修图师、数码暗房师）、数字图形设计师（VI 设计、图形设计）、数字版式设计师（数字排版）、设计文档工程师（印前工艺），能从事新闻出版、影视媒体广告以及企事业单位的广告经营与管理、广告策划创意与设计制作、广告市场调查分析和营销的高级专门人才。

2. 适应的业务范围

报社、杂志社、电视台、广播电台、出版社等新闻出版单位的广告部

门，企事业单位的广告部门，中外广告公司，市场调查与咨询行业，等等。

按照目前的社会发展趋势和市场需求，还能在互联网、广告、新能源等行业工作，如互联网/电子商务、广告、新能源、公关/市场推广/会展、影视/媒体/艺术/文化传播、贸易/进出口、房地产、计算机软件等行业。

3. 人才培养目标

（1）建设思路。通过对广告设计公司的市场调研了解到，近年来，广告行业持续升温，并逐渐成为新兴的热门行业，该专业的学生社会需求量较大。为了更有利于学生就业，必须加快建设广告设计与制作专业，开拓就业渠道。

（2）人才培养目标。中职学校学生在校学习是要将所学与市场的工作相接轨，能够学以致用。学生在校学习两年之后，我们要努力使学生能够找到与专业对口的工作，并能够在短期内为企业创造经济效益。

学生在校通过两年的训练，具备以下能力：

第一，具有一定的设计理念，如色彩搭配、排版、创意理念。

第二，熟练使用各种美术设计软件的能力。

第三，具有美术审美能力。色彩搭配、文字排版、立体构成设计、平面构成设计的能力得到提高，通过开设相关课程，提高学生美术审美能力。

第四，具有够根据主题独立设计制作出完整作品的能力。

第五，具有团队合作意识和吃苦耐劳的品质。

六、课程体系的改革

1. 理论教学体系的改革

以科学方法为指导，以职业能力培养为中心，完善现有机制，减少以至消除"学"与"用"之间的系统偏差，作为本专业的出发点。鼓励学生参加社会实践活动，努力创造良好的环境和条件。学生设计的作品获得各级应用设计大赛奖励众多，但要符合社会采用率，"学"与"用"需形成一种自觉行为和良好学风。从优化课程结构入手，完善教学内容，改变教学手段，突出专业特色，注重成效。在突出应用性、实践性原则的基础上，注重人文社会科学与应用技术相结合，理论与实践相结合。将职业能力培养贯穿教学全过程，凸显教学效果。

2. 实践教学体系的改革

在目前现有的实训工作室的基础上，逐步完善实训设施，计划建立造型艺术实训室、广告影像制作实训室、仿真综合模拟实训室（广告制作）等。从二维平面广告设计到三维广告设计教学与制作拓展，使本专业的综合办学水平处于广西壮族自治区领先地位，并起到引领示范作用。

广告设计与制作专业依托十五年的专业建设经验与优势，探索建立了一整套具有自身专业特色的教学模式和质量评价体系。作为经济转型时期的中职广告设计与制作专业，如何适应市场发展对广告设计与制作人才的需求和岗位能力的要求，建设本专业新的发展目标，制订新的工作思路和运作方案，突出中职广告设计与制作专业的特色，提高本专业学生的职业能力与职场竞争力就尤为重要。

教学形式手段改革。就整个社会环境来说，网络几乎是我们可以获取外界信息的全部途径，包含了新资讯、新事物等，与传统的以纸质教材为主的课堂教学模式相比，移动互联网上的海量信息和精美图像，以手机为工具载体随手可取，对学生来说，自然是有很大吸引力和兴趣的。一方面，将新媒体技术内容与课堂教学联系起来，创新教学内容和展示方式，让学生喜闻乐见，转变学习观念。另一方面，将教材、教辅、教具、学具、课件、网站等多种介质立体化融合，逐步建立基于微信的信息知识平台，同步映射连接到网站、QQ、论坛等多种媒介的云知识圈，易找易学，极大地激发学生学习专业课程的兴趣。学生的学习兴趣提高，主动探究钻研知识、技术的欲望增强，是保障课堂教学质量的先决条件。

建立广告设计与制作专业人才培养质量和社会评价体系，形成分析、评价、反馈制度，努力创造更加完善的专业教学环境与条件，建立科学规范的评价体系，完善日常教学管理。同时，从形式到内容重新构建，保证专业特色建设顺利实施各项评价、管理体制与组织结构，建立与专业特色建设相配套的评价体系。

七、调研结论

在整体专业教学改革的基础上，逐步完善师资结构，着力打造一支由"双师"引领的优秀教学团队。专业教师在教学研究、应用实践和设计作品等方面要做出明显成果。教坛新秀、学科带头人在校内精品课程建设、示范专业、特色专业、重点专业建设和课改项目都要有较大突破，每年应力争获得各级各类奖项，进一步提高整体科研实力。依托校企合作平台，建立数量充足、技艺精湛，具有一定社会影响力的兼职教师队伍，同时完善兼职教师的选聘与管理工作，形成规范的运行机制。加强专业骨干教师的培养力度，进一步提高教师专业水平。加强高级人才引进工作，制定培养与培训、引人与引智相结合的办法和措施。

八、专家论证

为更好地面对日益激烈的人才竞争，适应广告设计人才高素质、现代化的发展要求，广告设计与制作专业的毕业生除了要具备系统知识、扎实的专业功底，还要求有较强的实际操作能力。

广告设计与制作专业的建设应作为一项系统性、综合性、开创性工作。为保证项目的顺利实施，取得应有的特色作用和辐射范围，在项目建设中将建立与之配套的保障措施，从思想保障、组织保障、制度与资金保障，以及质量管理保障等保障措施入手，推进内涵建设，突出专业特色，从而实现本专业建设计划与目标，并使其特色效应进一步显现。

服装设计与制作专业现状调研

一、概述

通过企业调研，对学生就业岗位及具体工作任务进行分析，将具体工作任务归纳为典型工作岗位，通过对具体工作任务的排序，最终重组形成专业主干课程，并建立服装设计与制作专业课程体系，形成专业人才培养方案。通过调研、归纳、排序、重组的操作方法，构建与就业岗位工作任务紧密关联的专业课程，从而保证了专业课程教学内容与就业岗位实际工作紧密关联。

二、行业的总体状况

调研对象主要为人事经理、毕业生、设计总监、市场总监、商品开发主管、车间领导以及企业领导。根据调研内容的要求，归纳出服装企业需求岗位名称及相应的人数。

1. 行业的基本情况

随着时代的发展，国内外的服装行业都出现了较大的变革。除了传统的成衣与定制模式，还出现了许多以新兴技术、信息化、互联网及大数据为依托的新型服装模式。

2. 行业的发展趋势

在网络时代，服装行业不仅要保留传统的形式，而且要与时俱进地面向新科技、新技术，与互联网、销售、广告、摄影等相关行业合作，发展线上展示、云试衣、远程量体定制等服装拓展路线。

三、行业从业人员内部结构状况

为满足我国服装行业不断发展变化的需求，行业从业人员从相对单一的工艺技术劳动力，慢慢转变为在设计方面及网络技术核心科技方面的技术人才。在走访、调研国内近十家知名服装企业从业人员的情况时发现：国内大多数服装企业为批量生产代加工的模式，故对工艺、制作方面如制版师、工艺师类的生产加工人员的需求是最大的；对市场方面的人员如市场调研、业务员、跟单员等岗位的需求占较大比重；其他如设计师、设计师助理、陈列师、服装买手、面料辅料业务员、网络运营人员等，需求量也比较大。

四、企业对服装设计与制作专业人才素质要求情况

用人单位对服装设计与制作专业毕业生素质能力方面的要求依次是：团队合作意识、实践能力、工作责任意识、社交沟通能力、组织协调能力、工作适应能力、专业素质、思想品德修养、心理承受能力和开拓创新能力。

用人单位录用毕业生需要考察的因素，首先是毕业生的专业特征，其次是毕业生的职业技能，再依次是性格特征、毕业实习、学历层次、交际能力、求职态度、学校推荐、学生干部、学生党员、在校期间获奖情况、介绍人、学习成绩、家庭背景。这对我们在指导学生准备应聘材料和参加面试时更具有针对性，帮助学生找到适合自己发展的工作岗位，提高毕业生签约率、就业率。用人单位对往届毕业生具体评价为：其一，大多数学生具有良好的伦理道德、社会公德和职业道德修养。其二，有正确的人生观、价值观，自觉遵守法纪和各项规章制度。其三，人文素质高，具有良好的社会声誉。具体表现为：具有强烈的责任感和事业心，能够很快转换

角色，适应工作岗位的要求，能够将在学校学习的知识应用到实际工作当中；具有较强的实践能力、行业竞争能力、自主学习能力和积极创新能力；具有良好的发展潜力，表现出良好的发展趋势。我们通过调研，不断调整专业培养目标和专业课程结构，优化人才培养模式，不断提高人才培养质量，为服装行业和企业培养"下得去、用得上、留得住、能干事"的高技能人才。

加强学生专业基础知识教育，加大实践教育，加强学生素质（吃苦耐劳精神、职业道德、服从命令、工作的稳定性、实际动手能力等）的培养。根据企业需要与市场调研有针对性地开设课程，在就业教育中增加有关企业文化的学习。

在调研中显示，服装设计与制作专业毕业生近三年稳定率较高，在用人单位工作中，具有较强的环境适应能力，有吃苦耐劳、脚踏实地的工作作风，有敬业与拼搏精神、合作精神，具有抗挫折能力。只有战胜困难和失败，坚持不懈、锲而不舍，才能赢得创新成果。

五、专业岗位工作任务与职业能力确定

1. 职业岗位分析

服装设计师、服装设计师助理、服装制版师、服装制作（工艺）、服装面料（辅料）采购、服装买手、服装陈列师、服装销售、服装跟单、服装宣传策划、服装（模特）摄影、服装新媒体宣传、服装信息化设计（服装网店、云试衣、VR等）。

2. 适应的业务范围

服装企业的各个专业部门（岗位），杂志社、电视台等媒体单位的宣传（形象）部门，服装院校或开设有相关专业的院校或培训机构，个人形象（包装）公司的顾问、设计，等等。

3. 人才培养目标

（1）建设思路。通过对服装行业内多家企业的调研发现，随着经济的发展，人们对服装的需求日益增长，对服装设计与制作专业人才的需求也在增加。为了使学生能顺利就业，找到理想的工作岗位，必须科学有效地

建设本专业，为本专业的学生有效提升就业竞争力。

（2）人才培养目标。

总体目标：

提升服装设计与制作专业及相关的基础理论水平，自然科学及人文科学基础，提高科学研究及科技开发能力，计算机软件、硬件设计能力，与专业相关的英语综合能力及科技写作能力，组织管理能力，人际交往能力，等等。

具体目标：

• 进一步拓宽专业面，有一定的服装设计、生产工艺、设备、服装版型及跟单理单的基础知识，了解控制服装的实际应用背景和主要销售对象的基本知识。

• 了解最新的服装设计理论、服装版型和服装生产工艺。

• 加强英语、材料学等基础课程学和计算机应用能力的培养。

• 有理论的运用能力，分析解决问题的能力，现场制作和操作的能力。

• 增加工业管理方面的知识，增强市场意识方面的知识教育。

• 有跟踪新技术的能力，实践与创新能力。

• 有适应环境的能力，有吃苦耐劳、脚踏实地的工作作风，有敬业与拼搏精神、合作精神。

• 有对企业文化、价值观的认同度，沟通与协调能力等。

• 有文字表达能力。

六、课程体系的改革

1. 理论教学体系的改革

紧跟时代的发展，结合我国科研、生产的实际情况，培养既有理论知识又有实践经验（用得上、留得住、能干事）的服装设计与制作专业人才。充分考虑学生的兴趣和自身特点，实行必修与选修相结合的课程设置方式。在基础的课堂教授专业理论知识外，紧密联系实际，面向社会，在服装设计与制作专业课程基础上，加强专业背景知识，增加品牌设计、时装版型、企业管理等课程，以拓宽本专业学生的知识面。在加强理论教学的同时，通过参观考察、社会实践、建立校外实习基地等方法，培养学生的动手能力和实践能力。加速教材更新，以适应专业的进步。加强教师队伍的建设，培养一批德才兼备、理论与实践知识并举的优秀教师。另外，积极拓宽专业方向，造就适应面更宽、服务领域更广的服装设计与制作专业人才。

2. 实践教学体系的改革

本专业培养的是面向社会、面向企业、面向实际的实用型、技能型、复合型优秀人才。本专业的培养目标，大部分是培养面向一线操作岗位的技能人才。为了使毕业生更好地融入工作，学校除了在校内的实训基地进行实践教学，还要与企业开展产、学、研合作，开拓校企联合办学的模式，同时引进国内外优秀教师资源，加强办学能力。

七、调研结论

从反馈情况来看，我系毕业生的技能素质高、敬业精神强、能吃苦，对学校的培养也基本满意，但我系对毕业生的综合素质培养还存在一些欠缺，学生毕业后不能马上上岗，公司留不住人才。这些问题已成为影响毕业生向高层发展和接受继续教育的最大障碍，也必将影响本专业的发展，应在以下几个方面采取措施，以提高教学质量，加快专业建设和发展，培养高素质的人才。

1. 企业对人才的需求在层次上不断朝复合型人才发展

企业对人才的素质需求越来越高，由于与世界接轨，对人才的要求多样化，专业的观念则相对淡化，只懂设计或工艺是不行的，需要复合型的人才，特别是对外语的要求必不可少。必须具备的职业素养有：懂设计、精制版、会工艺；团队意识强、能吃苦、能够不断提高自身素质；积极主动、责任心强、抗压力强、执行能力强；具备较强的市场管理能力和数据分析能力。

2. 专业建设和发展的建议与措施

（1）办学模式：多模式的办学形式，以适应社会对不同层次人才的需求。推行通才教育的培养模式，注重学生基础知识、学习能力、动手能力的培养。强化证书的重要性，强调实践能力，增加实训、实践项目，尤其是到企业去实习、实践的机会，加强动手能力的培养。

（2）人才培养结构：由于不同单位对人才的需求层次不同，因而学校要注重专业人才培养的"三角形"结构。培养学生的团队合作精神，加强综合素质教育，重人品，讲内涵。

（3）实践教学环节：学校要建立稳定的实践教学基地。建议国家制定相应的政策，提倡全社会支持学校的实践教学，确立用人单位在"终身教育"上的法律责任和义务。

（4）教学改革：对于创新教育、素质教育的考核体系，应提出量化的指标，便于执行和考核。服装设计与制作专业课程中专业英语跟单、理单和陈列方面的知识应加强。多样化，就是指社会对人才需求的类型和层次都是多种多样的。动态性，是指社会对人才的需求是随着时间的推移不断发生变化的。未来社会对人才的需求也是随着时间的推移不断发生变化的，职业教育必须冷静地认识这个问题，要以提高素质和夯实基础为主，要教学生长期起作用或终身起作用的知识。

3. 师资、设备、场地及对策

打造一支胜任教学、示范作用明显的专业教学团队。通过引进、培养、外聘等方式，建立一支教育观念新、师德高、教学水平高、业务能力强、具有开拓创新精神的职称、学历、年龄结构合理，专兼职结合，有丰富实际工作能力的"双师型"师资队伍和教学骨干队伍，培养在同行业中有较大影响力的专业带头人。

以财政支持的服装实训中心为平台，建设校内生产性实训基地，进行服装工艺实训、订单制作、技能鉴定、技术服务、社会培训等工作，校内还配有服装制版工作室等十多个实训场所。在校内建设生产性实训基地的同时，也要重视加强校外实训基地的建设。目前，学校已与柒牌服饰有限公司、劲霸男装等知名企业合作建成了一批"生产环境强，兼有教学功能"的校外实训基地。

八、专家论证

在服装设计与制作专业的项目建设中需建立配套的保障措施，从保障措施入手，推进内涵建设，突出专业特色，从而实现专业建设的计划与目标，并使与其相应的特色效应进一步显现。

为了适应服装设计与制作专业人才的发展要求，让毕业生能更好地面对激烈的竞争，服装设计与制作专业的人才除了需要具备系统知识以及扎实的专业基础，还要求有较强的实际操作能力。

第三章

广西职业教育建筑装饰专业群建设目标及任务

广西职业教育建筑装饰专业群积极响应国家"一路一带"倡议，助推中国—东盟自贸区、广西北部湾经济发展，紧贴广西"九张创新名片"①，牢固树立建设壮美广西、服务广西经济社会高质量发展的新理念。根据建筑装饰专业群现状调研情况，对接建筑设计类传统优势产业的发展升级需求，围绕专业人才培养、课程体系建设、师资队伍建设、实训基地建设等，深化产教融合、校企合作，建设地方特色鲜明、办学水平高、就业质量好、服务能力强的品牌专业，有效引领广西中等职业教育专业群的改革与发展，为促进区域经济社会的高质量发展提供德技双修、多层次的高素质技术技能人才支撑，使建筑装饰专业群在广西壮族自治区乃至西部地区同类院校中起到引领和示范作用。

---

① 广西"九张创新名片"：传统优势产业、先进制造业、信息技术、互联网经济、高性能新材料、生态环保产业、优势特色农业、海洋资源开发利用保护和大健康产业。

建筑装饰专业建设目标及任务

一、建设目标

1. 总体目标

通过建筑装饰专业群项目建设，将艺术设计系建设成以建筑装饰专业为核心，以工艺美术、广告设计与制作、服装设计与制作等专业为辅的全省领先的人才培养基地。建设全省领先的设计专业人才培养基地，形成科学规范的应用型技能人才建筑装饰专业群学习及实训基地管理制度，探索地方经济发展方式，推动产业结构优化升级，培养所需要的应用型技能人才，寻找建筑装饰专业群的基本规律，深化实训基地与企业开展应用型技能人才培训的合作。通过建筑装饰专业群的建设，进一步扩大高级工、技师的培训规模。从培训体系构建、师资队伍建设、实习实训基地建设、校企合作、培训能力等方面积累建筑装饰专业应用型技能人才的培养经验，为建筑装饰专业群的建设提供有力的保障。

2. 具体目标

（1）专业人才培养目标。通过在装饰企业的教学实践，形成以建筑装饰专业为核心，以工艺美术、广告设计与制作、服装设计与制作等专业为辅的应用型技能人才培养体系。立足建筑装饰专业群的服务产业，深度产教融合，建设区域建筑装饰技术服务应用型技能人才培养基地，共同培养应用型建筑装饰产业技能人才。在建筑装饰专业毕业生中，高级应用型技能人才占总人数的86%以上，就业率达98%以上。

（2）专业师资队伍建设目标。教师是教学活动的主导者，教学质量的提高和各项改革措施的落实，最终要依靠教师在课堂上来具体实现。教师的教学思想和学术水平的高低，知识面的深度、广度及治学的作风不仅会影响课堂教学的效果，甚至会影响到学生的未来。只有事业心强，教学、科研水平高的队伍才能促进专业建设，才能保证人才培养的质量。师资队伍建设，特别是年轻教师的培养，是专业建设的重点。

通过多渠道、多方位、多层次引进培养师资，建立能适应现代化发展要求的师资队伍，形成专业复合、专职兼职聘用相结合的"双师型"教师队伍。计划2020年达到专业教师28人、兼职教师8人的规模，高级、中级、初级职称比例为2∶5∶3，其中，副教授以上的职称人数争取超过20%，"双师型"教师占85%以上，研究生及以上学历达28%，本科学历达95%，师生比在1∶20以下。

通过实施师资队伍建设工程，加强对骨干教师、学科带头人、年轻教师的培养，选派教师外出学习，培养10名以上专业拔尖、技能操作精湛的优秀"双师型"青年骨干教师；聘请企业技术骨干和一线专家来学校兼课，指导教学实践。系里每年选派2~3名教师到高校进修或到企业一线挂职锻炼，以提高学历和实践经验，学习新形势下的新理念、新思维、新技术。

（3）专业课程体系建设目标。完善基于项目工作过程的课程体系开发，加大应用型技能人才培养，开发工学结合专业课程体系，建设并完善应用型技能人才培养模式。建成3门以上共享优质核心专业课程，加大校企合作课程开发力度，每年完成省级教研成果不少于2个，校企合作开发教材不少于4种，在省部级及以上期刊发表专业论文10篇以上。

（4）专业实训基地建设目标。拓展思路，结合实际，完善适合建筑装饰专业群人才培养模式，校企共建实训基地；增强系统化、市场化、特色化应用型技能人才培养的能力，完善管理机制、设备设施，充分发挥专业实训基地辅助专业群建设的作用。每年至少培养6名学生在省级、国家级及以上技能大赛中获奖。

（5）校企共建专业的有效机制。通过体制机制创新，搭建校企深度合作融合平台，实现与 3 个以上集团化企业合作。以此为基础，校企协商编制专业群人才培养方案及教学计划，合作开发专业群系列项目课程、人才评价标准和专业教材，实现教师互兼互聘、资源共享，提炼总结深层次校企融合、工学结合的经验，形成培养建筑装饰专业群应用型技能人才的新模式。

（6）专业发展服务产业。举办广西壮族自治区级技能大赛。已成功举办了四届建筑装饰技能大赛，培训及其技术支持还在不断加强提高，边服务边加强建设。以建筑装饰核心重点专业为依托，以工艺美术、广告设计与制作、服装设计与制作专业为辅助，加强针对企业顶岗实习的应用型技能人才和企业职工的职业技能培训，不断提高培训质量。实现每年职业技能培训 800 人以上，培训高级技工、技师、中级技工 500 人以上的目标，为建筑装饰专业群提供应用型技能人才保障。编写完整而系统的培训教材，5 年内形成一支能为企业和社会提供技术培训服务的专业师资队伍。

3. 专业建设标准

（1）专业能力要求。

知识要求：掌握常用应用文写作知识；会用外语进行一般的日常会话，能借助字典查阅本专业外文资料；会操作计算机，能熟练掌握 CAD 等制图软件，完成各类图形制作、文字处理、表格设计和数据处理等工作；能处理一般公共营销的事务。

技能要求：了解常用建筑装饰材料及其名称、规格、性能、质量标准、检验方法、储备保管、使用等方面的知识；熟悉建筑装饰制图标准和建筑装饰施工图的绘制方法；了解一般建筑装饰工程的施工工艺、质量标准；了解室内设计原理和施工工艺；能结合建筑装饰工程设计、施工全过程，参与装饰工程项目管理工作。

（2）方法能力标准。

本专业培养能够适应市场发展需要的应用型技能人才，从德智体美劳全方位培育，面向施工企业、建筑装饰工程公司、招标代理、工程监理、工程项目管理等建筑装饰工程岗位，在掌握专业基础理论和专业技术的基础上，可在建筑装饰设计事务所、设计院、房地产开发企业、建筑装饰施工企业等单位从事室内外建筑装饰装修设计，以及施工管理、监理、装饰美工等相关工作。

（3）社会能力标准。

政治思想素质：拥护党的领导和基本路线，以"服从组织、团结同事、认真服务、扎实工作"为准则，牢记组织和单位的重托，坚持高标准、严要求，立足本职、磨炼意志，扎扎实实做事、勤勤恳恳做人，勤奋敬业、锐意进取，坚定自己的科学观、世界观、人生观、价值观。

文化素质：必要的专业理论知识，良好的语言表达能力和社交沟通能力，熟练的计算机应用辅助能力，健全的法律保护意识，有一定有创新能力和创业能力，时刻保持良好的心态。

专业素质：具有一定的建筑装饰技术知识，有扎实的识图、制图、手绘设计表达能力和建筑装饰工程施工能力以及计算机辅助设计能力等。

二、建设任务

1. 基本情况

根据《国务院关于大力推进职业教育改革与发展的决定》及《国务院关于大力发展职业教育的决定》的文件精神，遵循职业教育和人才市场的规律，"以教育思想观念改革为先导，以教学改革为核心，以教学基本建设为重点，注重提高质量，努力办出特色"作为宗旨，以学校"十四五"规划为指导，以建筑装饰专业实训基地为平台，实现"做中学、做中教"，以专业结构调整为重点，加强专业建设。全面推进素质教育，以培养建筑装饰行业技术应用型专门人才为根本任务，构建学生的知识、能力、素质结构体系，全面提高学生对市场的适应能力。进一步解放思想，积极探索，从"三教"改革入手，面向市场、面向行业、面向地方经济建设，以服务社会主义现代化建设为宗旨，以就业为导向，以能力为本位，以质量求生存，强化实践教学，以产学研为途径，通过1~3年的努力，力争将建筑装饰专业建设成为全广西壮族自治区乃至全国的示范性专业。

2. 建设任务

（1）师资队伍建设。

加强师资队伍建设。在现有师资的基础上，实施"名师工程"。到2022 年，专业教师总人数达到 16 人，其中，专任教师 12 人，兼职教师 4 人；职称、年龄、学历、技能特长结构更加合理，专业带头人各 1 名，骨干教师 2 人，专业带头人要在省内或国内外同行中享有较高的知名度；专业教师中 80% 为"双师型"教师，每年 1~2 名教师参加国家级培训，提高实践水平；教师队伍中 20% 以上有副教授或以上职称；每年主持课题或参与社会实际项目不少于 1 项，具有丰富的实际工作经验。鼓励教师获取职业技能资格证书，参加工厂、企业项目开发和生产实践，由单一的教学型向教学、科研、生产实践一体化转型。

聘请部分企事业单位的技术骨干、项目开发人员担任兼职教师。每年选派 2~3 名教师到高校进修、培训，以提高学历，学习新技术。

（2）课程教材建设。

第一，完善人才培养方案。将课程和教学内容立体化重构，形成包含"思政、1+X 考证、专业课程、企业技能"的专业课程体系。建筑装饰专业课程标准由企业用人标准和学历文凭标准共同确定，实现课程内容与职业要求的衔接。

第二，教学内容建设。将课程教学内容与职业技能等级标准内容相融合。在日常的教学中，将技能鉴定中的内容项目化、模块化，将建筑装饰职业技能等级标准内容进行拓展，改变当前建筑装饰专业课程中理论与实践没有针对性的缺陷，在原有课程体系基础上，优化建筑装饰技能等课程，结合技能等级标准理论测试大纲，归纳总结重点知识，建立理论知识库，重新修订建筑装饰专业相关课程标准。

第三，教学方法建设。在部分专业课程中加入企业真实案例、地方特色及"1+X"职业技能等级证书内容，引导学生主动创新，理论与实践高度融合，突出职业技能等级鉴定目标的"以项目为载体、以任务为驱动的'思政、1+X 考证、专业课程、企业技能'双向多融通教学模式"。教学手段改革信息化和多样化，充分运用信息化技术、教学资源库、教学软件、虚拟仿真、微课、慕课、立体化等现代化的教学手段。

（3）评价机制建设。

将教学评价与职业技能等级标准相互融合，对传统的评价模式进行改革。建立职业技能等级和培训评价的组织、管理与服务机制。结合职业技能等级标准，细化建筑装饰职业技能等级标准的基本要求，加大职业道德及基础知识权重，协同教师过程结果评价、学生自我评价、学生交叉评价等，建立一整套完善的教学评价机制。将相关专业课程考试与职业技能等级考核统筹安排，线上、线下同步评价，学生可获得学历证书和职业技能等级证书。

（4）实训基地建设。

第一，校内实验实训室建设。对现有的设施、设备进行改造。充实新技术、新工艺所需场地、设施设备，补充和完善部分实训设备，达到同期设施设备的一般水平；设施设备达标率和开出率为100%，价值达标率为80%以上，完好率为90%以上；建立配套的实习实训管理制度与实训考核评价体系。

第二，加强实训现代化建设与管理。制定相应的管理制度，提高管理水平；制订建筑装饰专业实训基地现代化建设方案，设专人管理实习实训设备，提高建筑装饰专业实训室使用率，加强软硬件建设。

第三，校外实验实训基地建设。通过校企共建，拓展教学设施设备。引进建筑装饰企业入校，将生产车间搬进学校，为学生实训提供岗位技能训练平台，如广西美饰纵横集团等企业为学校建筑装饰专业学生免费提供实习实训场所。加强校外实训基地建设，建立稳定的学生校外实训基地，满足学生综合实训和顶岗实习需要，加强与行业的接轨。

第四，跟岗顶岗实习。建筑装饰专业深化校企合作，深入"工学交替、教学做合一、跟岗与顶岗实习"环节。进一步扩大学生去企业跟岗与顶岗实习的力度，通过"工学交替、教学做合一、跟岗与顶岗实习"培养，使毕业生与企业岗位无缝对接。实训成绩按专业能力、职业素养、企业标准评定，并以社会实践项目的形式列入学生成绩中。

3. 结语

通过学校的专业建设，建筑装饰专业既符合教学规律，又基本满足现代化建设对建筑装饰专业人才培养需求，尤其是建筑装饰行业用人的需求。以支撑和带动建筑装饰产业发展为目标，按"宽口径、厚基础、分方向、有特色"的要求，对建筑装饰专业师资队伍建设、课程体系建设、教学方法进行了重构，形成"双向多融通"的课程体系，初步实现了"共建共享师资、共编共审教材、共管共育人才"，为建筑装饰专业建设奠定了厚实的基础。

工艺美术专业建设目标及任务

一、建设目标

1. 总体目标

根据工艺美术产业发展的实际需求，全面提高工艺美术专业办学水平，巩固专业优势，打造专业特色，提高专业建设水平，促进教学科研协调发展，不断提高人才培养质量，结合艺术专业间交融的优势。依据国家工艺美术战略部署和国际设计新动态，进一步推进工艺美术专业发展，以专业建设为基础，以改革创新为动力，以教学创新为手段，基础与应用并举，全面提升工艺美术专业人才培养、学术研究、社会服务的水平，更好地培养适应当代工艺美术产业发展需要的艺术人才。

2. 具体目标

（1）专业人才培养目标。为社会和工艺美术、装饰行业培养综合素质较高，专业基础扎实，实践动手能力强，具有工艺美术设计、制作、管理、营销等基础，具备实际操作能力的中等工艺美术技能型人才。校内职业技能考核合格率90%以上；毕业生具备技能拓展型人才的基本素质，至少获得工艺美术行业从业人员职业资格证书在内的两项职业资格证书；鼓励参加企业岗位实践培训，并获取行业企业认证初级证书；毕业生规格符合企业技能型岗位的需要，就业率达到95%以上，动员对口2+3升高职

50%以上；学生就业单位、就业岗位和就业待遇与周边区域相比较有明显优势，毕业生的就业单位评价满意率达90%以上。

（2）实训基地建设目标。不断改善工艺美术专业实训条件与学习环境，形成能适应现代企业岗位需求的实习实训教学体系，配套落实实习实训教材和与其相对应的管理机制。以国家级工艺美术专业示范性实训基地建设为目标，筹措经费建设省级一流、开放式的实训基地，突出体现新设备、新技术、新工艺的特点，保证工艺美术专业和精品示范课程建设的需求。具体建设方案如下：

第一，完善现有的实训设施，增加实训设备，提高原有实训设备的使用率。

第二，校企深度合作，共建实用型、生产型实训中心3个。

第三，添置信息化、数字智能化设备，满足工艺美术专业教学和科研的需求。

第四，利用多媒体教学的设施设备，改变传统教学方式，提高信息化教学比例。

第五，现有实训室7个，通过三年建设使校内实训室达到10个。

第六，进一步建立和完善实训室管理制度，设立专业人员进行设施设备管理与维护。

第七，在目前6个校企合作实训基地（校外）的基础上，三年内建设10个校外企业实训基地。

（3）专业师资建设团队和科研团队建设目标。首先，健全和完善工艺美术专业课程的组织管理体系，完善专业教研机构，成立4个专业工作室和1个研究所，即专业基础课程（素描、色彩、构成）工作室，视觉传达（平面艺术）工作室，产品设计（陶泥艺术、掐丝工艺）工作室，校企合作生产型工作室和工艺美术专业创新创业研究所。其次，加强行政职能管理能力，建立专业负责人制度，由各专业负责人带领各工作室的教师负责课程安排、教材开发与组织、教研教改、落实教学环节。另外还要量化、提高教科研能力和水平，在三年时间内建成广西壮族自治区级精品课程2门。组织工艺美术、建筑装饰、手工艺品制作等专业的教师与行业专家一道开发主干课程的校本教材 3~4 本，编制与校本教材配套的实习实训指导书、教师教学指导书和学生学习指导书等。

师资队伍建设质量进一步提高。建设结构合理的中青年梯队。专业教师队伍人数达 15 人，其中，高级讲师（高级工程师）6 人，讲师 9 人；外聘企业技师 15 人，其中，高级工 12 人，省级工艺美术名师 3 人，专任教师双师比达 100%。

（4）课程体系建设和专业发展目标。分析和评价教育教学规律、人才培养模式、课程体系、教学内容，并对教学方法和手段的改革开展教科研项目的研究，积极鼓励教师参加专业学术研讨会、学术报告会，不断提高科研水平。要求每人每年利用项目课题组经费参加一次国内行业性学术研讨会，每 2~3 年参加一次全国性工艺美术行业的高水平学术研讨会；发挥我校作为广西壮族自治区首批"国家级示范校"、首批"民族文化传承技术技能人才培养基地"的引领作用，每年举行 1~2 次工艺美术类的学术交流活动；为确保教师教学能力与时俱进，要求所有教师到企业兼职，利用假期开展教师下企业顶岗实习活动，进一步掌握工艺美术行业的发展动态、新技术应用、新工艺、新材料、新方法等；申请专业发展的专项科研经费，支持和鼓励教师参与教改科研项目、课题研究，所有专任教师争取在三年内完成省级教育教学改革研究课题 1 个，并参与 1 个以上项目。所有人员参与校级教改科研的立项课题，开展扎实的校企深度合作，并且力争教改科研成果在本地区推广，并能产生比较明显的经济效益，提升社会办学形象；力争获得省级以上教学成果奖，提高专业论文发表水平，教师年人均公开发表论文 2 篇以上；鼓励教师参与到企业产品研发和生产过程中，充分利用校内工艺美术专业创新创业研究平台，开展应用技术研究和产品开发工作，并进行应用技术推广，每年人均申报专利 1 项。

3. 专业建设标准

（1）专业课程标准。构建以学生为主体，以服务社会、企业为方向，以岗位实践流程为导向，以典型的任务为主要教学内容的功能相对独立的工艺美术模块化专业课程体系。逐年加大课程建设与专业建设，以掐丝手工艺品牌和陶艺特色专业的重点课程建设为主，带动平面设计、装饰艺术及其他专业课程建设，努力构建理论教学和实训教学合一、知识与能力一体的专业教学实践课程体系，强化课程改革和教学模式的改革与创新，以适应广西地区技术应用型和技能型人才的培养。

（2）专业师资标准。工艺美术专业按照课程方向以专业老师为主体建设专业团队。加强与工业美术、建筑装饰、艺术品经营等行业协会、企业的联系，聘请行业内高水平技师和专家参与工艺美术专业建设指导委员会，进一步优化资源配置和专业结构调整。着重培养中青年教师，建设政治素质优良、师德高尚、结构合理、业务能力好、实践技术应用和科研能力突出的"双师型"教师队伍。建成以专业带头人为主体的工艺美术专业建设委员会，建成以国家级名师、技能名师、专业骨干教师、现场专家为核心的课程建设团队。

4. 总结

工艺美术专业在不断的发展中取得了一定的成绩，但仍旧存在着许多不足，如建设经费短缺，校企合作深度不够，校外实训基地偏少，等等。工艺美术行业文化创意产业的发展，对工艺美术专业的人才提出了更高的要求，在这种背景下，需要工艺美术专业教育工作者针对文化创意产业的需要，对当前的教学进行改革，从而适应多方面的综合人才需要。

二、建设任务

1. 建设任务

专业建设任务分为师资队伍建设、课程体系与教学内容改革、实训室建设、专业综合建设四个方面。在理论教学与实践教学的基础上，完善工艺美术专业制定的工艺美术从业人员（高级）职业资格鉴定标准，整合工艺美术专业综合实训内容，提升工艺美术、建筑装饰艺术、视觉传达艺术专业的职业技能培训层次，在现有的实验实训条件基础上，通过信息化综合实验室及项目实训中心、校企合作产品研发工作室、名师工作室等建设，构建满足广西壮族自治区现代工艺美术装饰艺术和手工艺品设计制作一体化技术应用人才培养的技能实训教学体系，形成集教学、培训、职业技能鉴定和技术服务于一体的现代工艺美术专业的实训基地。

（1）师资队伍建设。通过政策引导和加大教师的培养力度，提高教师的工程技术实践能力；培养和引进具有专业特长的高级技术人才，聘任企业技术人才和能工巧匠为兼职教师，形成一支具有高技能特质、专职和兼职结构合理的专业教师队伍。

专职和兼职专业教师团队培养：着重培养中青年教师，建设政治素质优良、师德高尚、结构合理、业务能力好、实践技术应用和科研能力突出的"双师型"教师队伍。建成以专业带头人为主体的工艺美术专业建设委员会，建成以国家级名师、技能名师、专业骨干教师、现场专家为核心的课程建设团队。

外聘专家为主的校外兼职教师团队：聘请行业技术骨干、能工巧匠，兼职教师在专业师资队伍中的比例达到50%，使专职和兼职教师的结构更加合理，并进一步提高兼职教师的质量。兼职教师要具备技师、工程师以上职称或民间名师、工艺美术师以上称号，从事过职业技能培训工作。

（2）课程体系与教学内容改革。完成具有工学结合特色的工艺美术专业人才培养方案，构建专业教学与国家职业资格标准相融合的课程体系。在已有区级精品课程"掐丝实训"的基础上，重点对陶艺、建筑装饰艺术、手工艺品设计与制作等专业核心课程进行课程综合化改革与数字化教学资源等建设，推动教学内容及教学模式的进一步改革，提高整体教学水平和教学质量，形成对中职学校的工艺美术专业课程建设有较强辐射能力和示范作用的课程体系。

按照中级、高级工艺美术从业人员技能技术应用型人才培养的特点和规律，融入岗位能力培养的要求，完成工艺美术专业的工学结合人才培养方案，构建工艺美术专业教学与国家职业资格标准相融合的课程体系，改革4门核心课程教学模式，初步形成"新型学徒制"和工学结合的课程改革与建设方案。

核心课程教学资源建设。完成4门工艺美术专业课程教学资源系统建设，与本专业培养目标一致，形成的教学资源和教材能被其他中职学校选用，具有广西壮族自治区内职业学校工艺美术专业特色。

（3）实训室建设。围绕工艺美术从业人员（高级）职业资格培训与鉴定的需求，开发工艺美术、建筑装饰艺术、视觉传达艺术、手工艺品设计与制作等课程的综合实训模块，制定相应的培训指导书、培训规程、考核办法，并与职业资格鉴定部门联合制定工艺美术专业技术人员（高级）的职业资格认证标准，且对学生开展岗位技术人员（高级）的培训与职业资格认证。

（4）专业综合建设。紧紧围绕工艺美术专业师资力量水平、专业办学规模、人才培养模式、职业技能水平等方面，依托工艺美术专业的建设基础，以进一步完善和提升工艺美术等专业综合实训基地及实训教学、培训与鉴定体系为重点，建成国家级工艺美术示范性中职专业，并以工学结合人才培养模式、推广"新型学徒制"校企深度合作办学模式的改革在广西壮族自治区内具有引领示范作用，使工艺美术专业为区域工艺美术、广告设计企业、手工艺品设计与制作以及建筑装饰行业的发展培养人才和技术服务。

2. 结语

中职院校人才培养方式应为工学结合的人才培养方式，通过校企合作，在紧密围绕地方产业发展需要的同时，使人才能够更加适应社会经济发展的需要。通过专业建设，培养的专业人才基本能满足工艺美术行业用人的需求，从而支撑和带动地方产业发展。

广告设计与制作专业建设目标及任务

一、建设目标

1. 总体目标

在文化创意产业的背景下，当前的市场追求的是艺术和工学的完美结合。广告设计与制作专业的发展已经呈现出文理渗透、艺术与技术结合、经济学和社会学多学科日益交叉综合化和多样化的趋向，但目前广告设计与制作专业的设置在众多学校当中同质化现象严重。实际上，对广告教育来说，不应千篇一律，而需要多元化发展，应当从市场的角度去定位，要看清楚学校所属区域、所属市场的差异，还应当根据高校本身的背景资源，办出专业特色。具体来讲，广告设计与制作专业的课程设置问题，就是一个专业定位的问题。

根据本专业在我校发展规划中的定位，结合我校现有的办学条件和特色，提出符合学科发展规律的广告设计与制作专业建设总体目标：与行业专家研究专业设置，设计人才培养方案，开发课程与教材，组建教学团队，建设实习实训平台，共同制订落实跟岗与顶岗实习等方案，制定人才培养质量标准等，用五年时间打造有特色的广告设计与制作专业品牌，在广西壮族自治区内广告设计与制作专业中起到示范引领的作用。

2. 具体目标

（1）专业培养目标。培养适应社会主义市场经济发展需要，德智体美劳全面发展，掌握广告设计与制作的基础知识和基本技能，具有良好的艺术素养、现代的设计理念、较强的创新能力，能熟练运用计算机进行各类广告设计与制作的高素质技能型人才。

（2）实训基地建设目标。除校内的实训基地之外，还应与校外企业合作，形成以校企合作为依托，能适应现代企业岗位需求的实习实训教学体系。及时让学生了解新设备、新技术、新材料等，为日后的就业提供了解和适应的平台。

（3）专业师资建设团队和科研团队建设目标。完善专业课程的组织管理体系，加强运作和管理，提高教科研组的综合能力与水平。建立专业负责人制度，由专业负责人带领各个专业教师负责课程教学、教材开发与教研教改等环节。师资队伍建设质量要不断提升，建设中青年梯队专业教师队伍，确保教科研组结构合理。

（4）实践教学目标。实践教学包括认知实习、跟岗实习、顶岗实习，以及社会实践、军训和课外科技活动、社团活动、公益活动等。旨在让学生达到在做中学、做中会的效果，并在实践教学环节中提高学生各方面的能力与素质，拓宽学生的眼界，以达到让本专业毕业生更容易适应广告行业实际岗位的目标。

3. 建设标准

（1）优化人才培养方案，明确人才培养规格。针对职业岗位或岗位群的实际要求，参照相关的职业资格认证标准，改革课程体系和教学内容，跟踪国内外技术发展及产业发展趋势对人才培养的要求，认真制订好人才培养方案及专业教学计划。推进专业人才培养模式改革，实行工学结合、校企合作，在联合制订专业人才培养方案、人才培养、教师培训、共建实训与实习基地、开展技术合作等方面建立稳定的合作关系，增强办学活力。

（2）教学团队建设。加强特色专业教学团队建设，以全面提升师资队伍整体素质为核心，以校企合作为纽带，以专业梯队建设为重点，以提高人才培养质量和社会服务能力为目标，建立"双师"队伍持续培养机制，形成培养人才、引进人才、开发人才、稳定人才的工作机制。从年龄结构、学历结构、职称结构、技能结构、"双师"结构等角度入手，结合专业建设需要，引进优秀人才，加快专业骨干教师、"双师"队伍的培养。

（3）实践教学条件建设。根据专业建设的需要，制订好教师队伍建设、实验室与实训基地建设规划，加强专业教师的培养、引进和培训工作，建立一支"双师"队伍；加强教学设施建设，建设一批科技含量高、管理科学的专业教学实验（实训）室和校外实训基地；多渠道筹措建设资金，不断改善办学条件，加强教学条件建设，不断提高办学水平。

（4）实训课程建设。当今广告行业的迅速发展，为中等职业学校广告设计专业毕业生就业提供了广阔的空间。为了培养适应企业需求的学生，必须改革传统的教学模式，加强学生的职业能力与创新能力的培养，力求与市场接轨，突出实践教学的综合性、实用性。

（5）教学资源建设。根据职业性、超前性、地方性和灵活性相结合的原则，突出实践能力培养，有计划、有重点组织力量地编写具有本专业特色的教材，努力形成具有本校特色的优化配套高职教育教材体系，抓好教材建设，突出实践能力培养。

4. 总结

现今的广告行业出现了入行门槛低、竞争大、员工流动频繁等现象，影响了广告设计与制作专业学生的培养及就业问题。如何为学生谋求更好的未来，即成了当下需要思考的问题之一。只有解决学生之所需，积极倡导创新创业能力的培养，运用服务地方经济的特色教学，才能使本专业稳健发展。

基于文化创意产业经济的发展，对广告设计与制作专业的人才需求提出了更高的要求。我们要改变教育模式单一、教学方法和观念陈旧、实践教学与市场脱节的现状，对当前的教学和实践活动进行大刀阔斧的改革，从而适应文化创意产业的需要。

二、 建设任务

1. 基本情况

专业建设是学校教学工作的基础和龙头，也是决定人才培养的关键和办学水平的重要标志。根据我国中职广告设计与制作专业人才培养的现状，对培养目标定位与业务素质要求、课程体系、人才培养模式、教师队伍建设、实验实训基地建设、校企合作等方面进行改革。通过这一系列改革措施，整体提升广告设计与制作专业的发展水平，全面提高中职人才培养质量，为行业发展提供充足的优秀的技能型专门人才。

2. 建设任务

（1）创新专业人才培养模式。在探索与构建广告设计与制作专业人才培养模式的过程中，结合地方和学校的实际情况，进行行业调研、岗位职业能力分析专业定位和构建课程体系。坚持以就业为导向，以能力为本位，以岗位的综合职业能力要求为基础，确定广告设计与制作专业的培养目标。以工作任务为引领，以实际项目为主线，制订广告设计与制作专业人才培养方案，从而达到基础教学与实践教学相结合、实践教学与社会就业相结合、校内教学和社会需求相结合的目的。与企业深度合作，以职业能力培养为主线，引入实际设计项目，参加设计竞赛课题，实现产学结合。根据企业岗位职业资格认证标准选择教学内容，基于企业设计流程进行教学设计，实现项目驱动。

采用项目教学模式。学生从第二学期开始进入设计模拟工作流程，通过基本职业技能的学习，到第四、五学期进入真题真做的核心职业技能课程的学习，学生通过学中做、做中学，不断提高技能水平，完成由学生到设计师的角色转换，为第六学期的顶岗实习、毕业设计和就业实现"零距离对接"。在教学过程中，由低年级的模拟向高年级的实际项目过渡，由单纯技能型的分项训练向综合技能的提升训练过渡，实现教学与实际项目的有机衔接，让学生完成从学生到职业角色的转换。

（2）课程体系改革。广告设计与制作专业课程体系是以岗位需求为导向，以能力培养为主线，突出核心职业能力的培养。核心职业能力培养是中职教育的特色，以学生职业能力的培养为教学活动的中心，把强化学生职业技能训练作为教学活动的主要内容，以培养学生技术基础、核心能力、综合素质为教学目标，突出以"能力为本位"的实践教学与技能训练，使学生具有较强的职业岗位适应能力。如针对核心职业能力及对应岗位为"平面广告设计与制作"，在课程设置上可分为三个阶段：第一阶段为技术基础，对应课程为"设计素描""设计色彩""构成艺术""图形创意"；第二阶段为核心能力，对应课程为"计算机辅助平面设计""版式设计""矢量图形设计"；第三阶段为综合素质，对应课程为"包装设计""视觉形象设计""网页设计""平面广告设计"。最后通过岗位适应训练达到与职业接轨的目的。

（3）加强教师队伍建设。教师是教育教学活动的直接实施者。提高广告设计与制作专业教师素质可通过以下几个途径：一是通过到企业锻炼的方式，深入企业，真正了解企业岗位需求，在走上课堂时有针对性地讲授有用的知识；二是通过专业进修的方式，根据自身教学薄弱环节，选择进修培训；三是以赛促教，鼓励教师多参加国家和省里举办的各项专业大赛，使教师有更多的实践机会，并通过实践找出差距，了解技能要求和行业特点，更好地应用于教学；四是聘请行业专家来院举办系列讲座，或通过与教师座谈的形式，使教师能够根据市场需要及时更新教学内容，改革教学方法，培养社会所需的广告人才。

（4）加强实验实训基地建设。利用校外实训基地，与广告公司密切合作，强化学生社会实践能力。除了充分利用社会为院校提供的有利办学条件，还应重视校内实训基地和实训室的建设和投入，有效利用校内实训室资源，创建工作室，可由教师和企业设计人员共同讲授与辅导，融教、学、做为一体，直接面向市场和客户，只有这样才符合广告设计与制作专业人才培养的要求。值得注意的是，学生在将所学理论应用到实践中的同时，不能只要求学生做虚拟项目，如果条件允许，还应结合企业的实际项目，按客户要求的时间和质量完成设计方案，真正做到实践教学与职业岗位的"零距离"。

（5）促进校企深度融合。促进校企深度融合，以实现校企双赢。可采用将企业实际项目在客户规定时间内，交给学生们完成，以职业情境中的行动能力，来完成对学生实践能力的培养。学生完成项目后，将其中的优秀作品交给广告公司供客户挑选，再将意见反馈回学校，教师根据反馈意见给学生讲解、评分，这样的实践活动可以使学生认识到自己的作品是否受到客户的欢迎，哪里被认可，哪里不被认可。通过几次实际项目的设计与制作，能了解自己在专业上的不足以及社会需求，可促使学生主动学习相关专业知识，从而获得一定的职业经验。

（6）广告设计与制作专业采用"项目式"教学质量评价模式。在广告设计与制作专业的传统教学中，学生的考核主要由教师直接评价，而应用"项目式"教学模式，突破了单一的教学评价方法。"项目式"教学的考核方式，主要包含两方面的内容：一是教师更加关注学生学习过程的反馈，并将过程反馈的情况作为评价的重点；二是学生参与评价，将教师的单方面评价方式改为让学生及团队参与到评价中来。通过考核方式的改革，有力地促进了"项目式"教学的开展。

服装设计与制作专业建设目标及任务

一、建设目标

1. 总体目标

专业围绕广西北部湾建设和区域经济发展对服装设计与制作专业人才的需求，以就业为目标，培养具有良好职业素养，掌握服装设计基础理论和实际操作技术，具有服装设计、制作能力，通晓服装工艺技术，懂得服装销售知识的中等技能专门人才。

2. 具体目标

为了给社会培养综合素质较高、作风过硬、专业基础扎实、专业技能娴熟，具有服装辅助设计、制作、制版、排料、裁剪、管理、营销、服装展示等能力，具有可持续发展能力的中等服装设计技能型人才，服装设计与制作专业的建设目标制定如下：

（1）专业人才培养目标。深化学校与企业的合作，搭建稳固的校企合作平台，创建校企合作人才培养模式。为满足人才培养模式改革的需要，探索一套行之有效的"四化"做法，即"能力培养层次化，基地建设企业化，师生身份双重化，实践教学生产化"，探索形成新的教学模式；共同开发课程、教材、课件等，打造优质核心课程；逐步解决当前中职教育中师资队伍建设、实训基地建设等矛盾和问题。

（2）实训条件建设目标。进一步改善实训条件与环境，建设能适合技能人才培养要求的实习实训教学体系、实习实训教材和管理机制，以省级示范性实训基地建设为目标，突出体现新设备、新技术、新工艺的实训环节，保证精品专业课程建设的需求。

（3）专业建设团队、课程建设团队和科研团队建设目标。

第一，专业建设团队目标。设立本专业的建设委员会，加强与企业的联系，聘请行业专家参与本专业建设指导委员会，进一步加大专业结构调整力度，科学合理地设置专业课程与内容。建设政治素质优良、师德高尚、结构合理、理论功底扎实、技术应用能力强、科研能力突出的"双师"素质的"三功能"（专业建设、课程建设、科研）专业教学团队，建成以专业带头人为主体的专业建设委员会，建成以专业名师、专业骨干教师、专家为核心的课程建设团队，建成以科研骨干为核心力量的科研团队。

第二，健全服装设计与制作专业组织管理体系。首先，围绕服装设计与制作专业，结合社会需求细化、拓宽专业，有针对性地定位，完善专业教研机构。其次，加强管理力量，配齐管理人员、专业教师、实习指导教师、教辅人员，保证人员数量、结构合理。最后，由学校主管领导会同学校有关部门负责人共同负责专业教学质量的监督，建立教育教学质量保障体系。

（4）课程建设目标。构建以学生为中心、以作业流程为导向、以典型的任务为主要教学内容的功能相对独立的模块化专业课程体系。课程建设与专业建设同步进行，以品牌和特色专业的重点课程建设为主，带动其他专业课程建设，努力构建理论教学和实训教学合一、知识与能力一体的专业课程体系，强化课程改革和教学模式改革，推行模块化教学和主题教学法相结合，形成专业教学特色，以适应技术应用型和技能型人才的培养目标。力争在三年内建成省级精品课程2门。

（5）科研团队建设目标。要求每人每年参加一次学术研讨会，每2~3年参加一次全国性学术研讨会；要求所有教师到企业或公司兼职，进一步掌握行业动态、新技术、新工艺、新材料、新方法等；建立专项科研基金，支持和鼓励教师参与项目和课题研究，争取三年内完成省级教育教学改革研究课题一个，建立一定数量的校级立项课题，力争教研教改成果在本地区进行推广，并能产生比较明显的效果。

3. 专业建设标准

（1）专业人才标准。学生校内考试考核合格率90%以上；毕业生具备技能型人才的基本素质，并获取该行业认证的初级、中级证书，培养90%以上的服装工艺类学生考取国家劳动部的服装制作工中级证书。毕业生规格符合企业技能型岗位的需要，毕业生当年就业率达到100%，其中，对口就业率90%以上；学生就业单位、就业岗位和就业待遇有明显优势，近三年用人单位对毕业生的思想道德素质和职业素质评价满意率90%以上。

（2）专业教师标准。通过引进和培养，建设一支职称、学历、年龄结构合理和业务能力、学术水平、工作作风、团队协作精神、职业道德过硬的专业教师团队。高级职称人数占30%，中级职称人数占60%，"双师型"教师占总体人数的90%，本科学历的人数占85%，培养市级学科带头人1名，骨干教师2名。

4. 总结

（1）不足。当前学生中存在一些问题：例如，有的学生学习基础差，缺乏良好的学习习惯；有的学生急于求成，缺乏对专业的正确认识，情绪波动较大；有的学生对知识结构理解片面，形成偏科现象，发展不均衡；有的学生重技术轻基础、重操作轻理论、重专业轻文化；有的学生缺乏行业认知，这样造成培养目标难以顺利实现。

另外，由于师资和设施设备的不足以及交叉学科的复杂性，培养社会需求的复合型服装设计与制作专业人才的难度也较大。

（2）人才市场需求分析。随着市场形势的发展、行业结构的调整和优化组合，服装行业的发展进入了一个新的快速发展阶段。因此，我们要充分利用这一契机，发挥职业教育的优势，加大对服装设计与制作专业教学改革的力度，迅速扩大服装设计与制作专业人才培养在市场中的份额。

目前，服装行业的人才队伍相对薄弱，特别是服装研发、设计、企业经营管理等高层次人才资源严重缺乏，在激烈的市场竞争中处于被动状态。因此，建立服装专业人才培养基地，加快我校服装专业人才的培养，实现服装专业人才本土化成为当前服装行业迫切需要解决的问题。

近些年，学校为企业培养了许多服装制作的人才，但是，在服装设计、服装手工制版、CAD工业制版、服装生产的技术管理等领域中却缺少技能型人才。为此，加大服装设计与工艺方面人才的培养力度，为企业的发展及时输送应用型专门人才是我们义不容辞的责任。

二、建设任务

1. 专业教师队伍建设

（1）专业带头人、骨干教师培养。给予专业带头人、骨干教师重点培养和扶植，组织参加国家级培训，在国内进行职业教育考察和调研，创造良好的教学和科研工作条件，进一步提高专业带头人的技术水平和专业开发能力，给予专业带头人一定的专业建设经费和教改自主权，使他们在专业建设与开发中发挥主导和带动作用。

为组建过硬的专业教师队伍和骨干教师团队，用三年时间培养具有独立进行课程建设和一定教科研能力的教师2~3人，使专业建设和改革能持续发展，并形成专业建设和课程建设的核心力量。具备"双师"素质的青年教师，到企业挂职锻炼或在国内外进修培训。

（2）兼职教师库建设。为优化教师队伍结构，聘请企业中高级专业技术人员成为我校兼职教师，承担教学工作，参与工学合作教材开发，参与工学合作人才培养，建设专兼职结合、工学结合的人才培养模式的师资队伍。

（3）团队建设。通过引进与培养相结合建成一支知识年龄结构合理的"双师型"优秀专业团队，充分发挥专业带头人、骨干教师及聘请的中高级专业技术人员的作用，创造条件申报研究课题，加大与企业合作的力度，形成专业教学科研团队；鼓励青年教师攻读在职研究生；引导青年教师进行实习实训及企业实践锻炼，使"双师型"教师比例达80%以上；聘请企业中高级专业技术人员来我校兼职、指导、讲学或短期研究合作。

2. 课程体系改革

为构建技能型人才培养模式下的课程体系，借鉴国内外本专业的课程开发经验，总结有我校特色的工作室人才培养新模式，相应的教材体系，并在省内起到一定的示范引领作用。制订符合技能型人才培养模式下的课程改革体系，修订工作室、协会和校企结合人才培养方案；落实校外实训基地，聘请企业相应的中高级专业技术人员；启动各类资源库的建设；建立以专业建设团队为核心的教学评价体系；完善教育教学各类制度。

3. 实验实训条件建设

（1）校内实验实训条件建设。加强实训网络化建设与管理，制定相应的管理制度，提高管理水平；制订省级实训基地和省级实训教学示范中心建设方案，设专人负责实习实训设备，分阶段检查建设项目完成情况；完善实训中心的网页，提高实验和实训网页使用率，加强软件建设；聘请省内的专家对实验实训基地等方面进行指导。

（2）校外实验实训条件建设。通过校企共建，拓展教学设施设备。引进服装企业入校，将车间搬进学校，为学生实训提供很好的平台，加强与行业产业的接轨。

4. 顶岗实习体系建设

服装设计与制作专业根据现有的工学交替、订单式培养、顶岗实习的教学模式，将进一步扩大学生顶岗实习的力度，就业率达 100%。实训成绩按专业能力、职业素养、企业标准评定，并以社会实践项目的形式列入学生成绩中。

第四章

广西职业教育建筑装饰专业群人才培养模式研究

依据建筑装饰专业群人才培养现状，客观分析人才培养模式中存在的问题。以立德树人为根本任务，强化建筑装饰专业群学生职业素质养成和技术积累，切实增强创新精神和实践能力。以市场行业需求为导向，探索专业群与企业深度合作的促进办法，推动形成产教融合、校企合作、工学结合、知行合一的共同育人机制，完善人才培养模式对策。推进现代学徒制改革，将"1+X"证书试点与专业建设、课程建设、教师队伍建设等紧密结合，深化教师、教材、教法的"三教"改革，规范人才培养全过程。加快培养建筑装饰专业群复合型技术技能人才，探索具有广西民族特色的建筑装饰专业群人才培养模式。

建筑装饰专业人才培养模式研究

一、建筑装饰专业人才培养的现状

建筑装饰是由现代化技术手段打造顺应人居需求的建筑装饰外环境布局。专业本身实践性强，交叉知识点多，小到设计方案的制订，大到装饰装修工程的实施，对建筑装饰人员而言，需要熟悉每一个环节，做到专业。建筑装饰专业人才培养模式，既要强调学生对专业基础知识的学习，又要体现学科的实践特色，特别是学生应该具备专业的实践能力、良好的职业操守等素养，以满足社会对建筑装饰设计人员的多样化需求。为此，以模块化教学、项目化实践为主体的建筑装饰校企协同、工学结合的教学模式，让学生从每个模块入手，明确学习目标，细化学习任务，突出项目导向，逐渐掌握建筑装饰知识，解决建筑装饰中的问题，强化综合职业素能。

二、我校建筑装饰专业人才培养模式中存在的问题和解决方案

当前，建筑装饰专业人才培养模式，存在教学与实践脱节的问题。如在建筑装饰特色教学上，所讲授的课程与行业衔接不畅，未能体现人才职业竞争力的优势。学生看似学了很多课程，但专业优势不明显，开放性、创新性思维不突出。专业强调应用型人才的培养方向，打造高素质技能型

人才，需要确立建筑装饰专业人才培养目标。总体来讲，可以归结为五点：一是具有明确的就业方向，要融入必要的职业生涯规划；二是具备较高的建筑装饰实践能力，在校期间要参与项目实训，并进入企业参加实际工作，拥有相应的职业经验；三是要在职业素能上体现与社会的对接，特别是在人才培养中要强调以学生为本、全人教育、个性化培养的思路，突出灵活的人才培养方案，增强学生的综合职业能力；四是具备较宽的择业面，在学科知识、职业技能等方面，具备较高的就业竞争力，提升就业率；五是积极开展校企合作教学，实现学校教育、企业实践、个人成长三方共赢。

三、建筑装饰专业人才培养模式的完善

1. 创新人才培养理念，改革教学模式

依托建筑装饰专业创新人才培养目标，在人才定位上要立足市场需求，突出建筑装饰人才的专业素质。树立人才的市场意识，整合校内育人资源，优化教学内容，特别是对市场所需的人才职业技能的调查与分析，以革新建筑装饰专业人才培养模式。如建筑装饰员应该具备必要的美学基础，能够对建筑装饰空间进行创新设计施工，特别是建筑装饰造型、色彩视觉、软装设计陈设等方面，要把握整体美感。因此，对于建筑装饰基础理论课程的学习要融入美学课程，增强学生的艺术感知力，提升学生对建筑装饰空间的思维能力与想象力。同时，建筑装饰专业本身具有较强的实践性，而人才培养的目标也是要培养能够解决建筑装饰实际问题的综合性人才。因此，从学生的实践能力来看，创新人才的培养模式，就是要体现建筑装饰专业人才的创新思维与素养。显然，传统的理论讲授是难以适应的，特别是对于学生的实践能力培养，要通过具体的实践案例、项目任务贯穿职业素质培养，增强学生的应用水平。另外，在创新教学模式上，还要体现真实性、开放性。建筑装饰教学模式的创新，要围绕真实的实践情境展开，导入具体的问题，构建开放性课堂。例如，拓宽建筑装饰专业校企合作路径，引入企业教育资源，共同完善校企协同、工学结合的人才培养模式，弥补学校教学存在的不足。

2. 优化教学内容、拓展学生专业视野

对建筑装饰专业创新人才的培养而言，教材和教学内容的合理化选择

至关重要。长期以来，建筑装饰专业人才培养的教材都是老版本，更新速度慢，缺少创新元素，与社会脱节。因此，要突出教学内容的创新，学校需要更新教材内容。教师要立足行业发展趋势，对原有教材进行改革，引入网络化建筑装饰设计理念，增加相关的新知识。教师还要积极走向社会，了解装修企业，引入新颖的教学案例和典型素材，丰富和充实教材资源。教学模式的创新需要建立在良好的师生互动交流的情境基础上。良好的教学情境是激发学生创新意识的基本条件，特别是在建筑装饰专业教学中，更要营造良好的课堂教学氛围，鼓励学生发表自己的想法，提出不同的意见。例如，对于室内陈设作品，从剖析内容、挖掘创新点等方面展现其设计思路，增强学生的建筑装饰设计意识。同时，教师要立足现代教育技术，特别是多媒体的课件内容，拓宽教学视野，导入真实的设计任务，激发学生的施工图设计灵感。

3. 依托模块化教学，激发建筑装饰专业学生自主学习意识

所谓模块化教学，就是将建筑装饰专业按照相应的独立单元结构，依照特定的功能划分为多个独立而关联的知识模块。例如，一年级有绘图设计基础、陈设品设计，二年级有家居空间设计，三年级有商业空间设计等专业课，这些课程体现了从低到高的发展梯度，也涵盖了建筑装饰专业绝大多数的专业课程内容。运用模块化教学，将这些课程知识点进行分解、梳理，根据知识点之间的内在逻辑关系构建独立的模块单元，体现建筑装饰行业对人才职业能力的要求。通过模块化教学，突出重点，增强教学针对性，更能提升学生的职业技能水平和学习效率。细化来看，在建筑装饰专业基础模块中，突出了概念理解、主题设计定位、空间与功能设计实用性、色彩与材料选择、照明与绿化应用；在建筑装饰专业模块中，突出了建筑装饰风格特色、家具与陈设的空间结构、空间色彩的选择、不同陈设材料的特色；在家居空间装饰模块中，突出了家居空间分割的不同种类、家居空间的功能与色彩搭配、家居空间照明与绿化的布置、家居空间构造与设计施工；在商业空间装饰模块中，突出了不同商业空间的种类划分、商业空间的类型、商业空间的色彩选择与视觉传达、商业空间的照明技术、商业空间的施工与管理。

4. 渗透项目化任务

要体现建筑装饰专业能力养成项目化教学的渗透，关键在于从项目任务中突出专业知识的应用，丰富学生的自主实践体验。项目渗透在教学中，可以以独立或团队协作方式来完成相应设计和施工的任务，而项目任务又可以根据工作过程和工作情境，细化项目信息、项目计划、项目制作、项目实施、项目检查、反馈评价等内容。同时，当项目渗透在教学中时，要注重建筑装饰知识的应用性，整合模块化知识与设计项目的具体应用，让学生能够将理论知识联系实际项目，在参与项目任务实践中调动积极性、自主性，明确建筑装饰基本任务，解决建筑装饰具体问题。例如，在实地调研中如何收集相关资料，如何根据调研信息归纳专业问题，如何讨论调研问题并形成实施方案等。在这些项目中，教师不再是主角，也不是课程主导者，而是引导者、观察者、安排者，通过学生小组的交流，在具体项目任务的实施中获得对项目的全面了解，锻炼学生的自主能力，培养学生的思辨能力、分析能力和设计能力。例如，在建筑装饰专业基础课程研讨中，教师通过导入设计概念与主题模块，设置某小区单身公寓设计项目，分派学生进行分组，对各组的作业内容及设计方案进行交流探讨。学生通过交流提炼设计主题，整合设计内容，展现设计创新思路。

5. 整合"双师型"师资队伍，提升教育教学水平

创新建筑装饰专业人才培养模式，需要构建"双师型"优秀师资团队。一方面，根据建筑装饰专业创新人才培养目标，确立学科专业带头人及骨干教师队伍，发挥各自教师专业所长，鼓励教师深入装饰设计企业挂职锻炼，提升实践素质。另一方面，加强对"双师型"教师的培养，特别是引入培训实践活动，外聘行业设计师参与校内学科教学，增进校企师资。例如，利用校企合作项目教学，发挥企业技术人员的专业实践优势，强化学校专业教学内容。学校要鼓励教师积极承担科研项目，特别是在促进校企深度合作、拓展顶岗实习方面，将校企结合、工学交替作为建筑装饰专业教学改革的重要方面。

6. 完善建筑装饰专业体系建设，营造创新人才培养环境

推进创新人才培养模式的实施，提升人才培养质量，不仅要深化教

学、教改工作，更要完善建筑装饰专业体系建设，推进各项工作的稳步实施。例如：在创新人才培养模式组织上，成立由系部负责人、教研室组长、学科带头人为领导的项目组，负责建筑装饰专业建设、人才培养方案的制订与实施；开展制度建设，特别是围绕校企合作共育人才，完善企业调研制度、教学改进管理制度、实习实训管理制度、教学质量监控制度、教学评价制度、毕业生调研跟踪制度等。另外，要加强建筑装饰品牌专业建设，特别是通过课程建设、师资队伍建设、实训实践教学基地建设等，优化校企资源供给，提升资源共享效率。

四、结语

房地产行业的快速发展催生建筑装饰专业的迅速兴起，从而使社会对建筑装饰专业创新型人才的需求更为强烈。中职学校作为面向行业培养技术应用型人才的重要阵地，应该立足专业人才培养目标，变革人才培养模式，向社会输送优秀的创新技能型人才。建筑装饰专业通过改革教育理念，转变教育模式，优化教学内容，真正促进学生职业意识、职业能力、职业心态、职业道德、职业素养的全面发展。面对未来行业人才发展的多样化需求，教师在创新人才培养模式实践中，还需要整合多种教学手段，激发学生的创新意识，锻炼学生的实践能力，提升学生的就业竞争力。

工艺美术专业人才培养模式研究

一、工艺美术专业人才培养的现状

工艺美术专业是培养广告制作、工艺品设计制作、室内效果图、室内平面设计、装饰工程场地管理工作、首饰设计、珠宝广告设计等从事生产、服务一线工作的专业设计人才的专业。工艺美术专业要求学生掌握系统的工艺美术基本理论、基本知识以及基本操作技能，并具有一定的工艺品设计制作能力，以及对工艺品进行色彩搭配的能力。学生的知识结构要适应现代社会需求，注重对学生综合职业素养的培养，而不以单纯掌握传统的学科知识为标准；注重对学生实践能力和创新创业能力的培养，而不以单纯提升学术发展能力为标准；注重对学生人文素养、自学能力、探究能力、协作能力的培养。

二、我校工艺美术专业人才培养模式中存在的问题

课程内容不符合市场需求。现在很多中职学校的工艺美术专业课程往往还沿袭着中职课程的教育大纲，没有加入专业特点，对于学生的专业技能实践能力的培养力度较弱，导致学生不能真正掌握相应专业的工艺美术技能，从而降低了学生日后的工作能力。在课堂上，部分教师完全按照教材的内容对学生进行授课，忽视了学生实践能力的培养。虽然学校会安排

相关的实习活动，但是多设置于假期，不能对学生的实习情况和技能掌握情况进行及时的督导，导致学生实习过程中所遇到的问题不能及时反馈给学校，降低了学生就业的信心。

培养方式存在局限性。一方面，中职学校工艺美术专业人才培养应该以市场需求为目标来设计培养计划，但是大部分中职学校忽视了对市场的监测和分析，对于培养人才的目标，还处于比较模糊的状态，导致培养出来的学生不能满足市场需求，就业率降低。另一方面，由于中职学校的学生在入学时相关专业基础较差，学校并没有注重对学生进行专业基础的培养，而培养学生实践能力的过程中又太过于模式化，没有真正凸显学生的主体地位，从而降低了学生的审美能力、创新能力和专业能力，对学生未来的工作发展形成很大的阻碍。

三、工艺美术专业人才培养模式的完善对策

1. 工艺美术专业课程体系与人才培养方案

工艺美术技术实用型人才的培养，创新课程内容体系。专业课程以工作过程为导向，按照工作任务的逻辑关系和生产或服务的演进规律进行设计，构建以典型工作项目为主体的模块化课程体系，为学生提供体验完整工作过程的学习机会。并且通过校企合作，制定"素描""色彩""设计基础""3D Max室内效果图表现"等核心专业课程标准，体现了专业面对岗位群的能力要求，并严格实施。

学校有完善的教育教学管理制度汇编，正常开展期初、期中、期末三期教学大检查，每天巡查授课情况。具体规定管理机构的职责、师资配备和培养、教学要求与教材使用、月考组织与安排、工作计划等内容，从制度上保障人才培养体系的高效运行。加强学习过程监控，建立考教分离的月考制度，通过月考及时了解学生阶段性知识的掌握情况，反馈教学信息，使教学工作更加有目的性和针对性，并为教师进一步的教学安排提供可靠的信息，同时促使学生巩固和复习所学知识，及时发现问题，总结自己的不足并加以改进。

2. 加强校企合作，促进技能实践

校方要与相关艺术企业进行合作，共同制订学生的培养方案、教学设

计、办学理念以及人才计划等。校企双方要加强对学生的技能考评、校园表现、技能掌握情况的关注，学校方要改变之前培养专一型人才的教学理念，要将学生培养成符合市场需求的综合性技能型人才。企业要为学生提供良好的实习环境及工作机会，让学生在实践中提高自身的职能素养，加强工艺美术专业水平。比如，企业可以到校园来开展企业文化宣讲会，通过对企业文化的了解，学生可以更好地掌握未来就业的选择及方向，增加了就业机会，同时企业也提高了对人才的把握程度。

3. 注重技艺性人才的培养，转变新型人才培养模式

要培养新型的工艺美术专业人才，首先要对学生进行思维上的创新，在要求学生掌握技能基础和美术基础的前提下，还应培养其精湛的工艺美术技能，从更深层次提升学生的艺术素养和艺术审美。针对不同专业，校方可以采用企业订单式的培养方式，与合作企业签订一定数量的艺术品订单，将订单交由学生来完成，以此来提高学生的实践能力，也为适应以后的工作打下基础，从而培养学生主动学习和主动工作的态度，为学生的终身发展铺垫良好基石。

另外，校方还可以邀请知名大型企业的 CEO 或设计总监来学校为学生开展讲座，从现代化的企业管理方式和人才要求两方面启发学生对于职业的规划，让学生自行选择工作方向。校方还要制定合理的评价机制。对于学生的能力培养不能局限在学生的成绩上，可以采用学分制的方式来对学生平时的表现进行综合性的评定及考量。增加校园专业活动的机会，让学生在参加活动的过程中有效积攒学分，期末进行汇总考核。在学分的设计上，可以从学生的课堂表现、实践能力、企业实习等多方面来进行设置，以学生全面发展为核心对学生进行全方位的培养评价，这样的培养方式对学生的身心发展起到了良好的促进作用，同时还可以提升学生自主学习、自主工作的能力，为以后的工作生活提供保障。

4. 注重夯实工艺美术专业基础，强化专业技能训练

在针对学生专业基础能力调研中发现，有很大一部分学生基础薄弱。因此，在专业基础教学实施中，要严格遵循艺术教育规律，循序渐进，由简到难，深入浅出。采取形式多样的教学方法，通过大量的技能训练培养

学生对形体、空间、色彩的感知能力，并配合优秀作品欣赏、组织观摩、第二课堂、专业社团、户外风景写生和信息化教学等手段，牢牢抓住"夯实专业基础"的中职学段培养要素，为后续专业学习打下扎实基础。同时，加强与各中职学校的交流，注意吸收引进外校的教学模式，以利于学生入校后能更快地适应学校的学习和生活。

在强化专业训练中，要发挥教师的专业优势，提升学生的专业能力。专业组精心挑选具有企业工作经验的"双师型"教师负责本专业技能课程教学，把工程项目带入课堂，通过"主题+项目"的教学法，实施"项目+主题+真实场景+团队教学"的教学改革，以"项目课程包+优质教学团队+真实企业环境+实战型"的方法实施教学。由真实项目或虚拟项目组织课程包，将原先的单元制课程运用项目进行重新整合，从课程设计、教学方式到教学团队成员之间的配合，均由课程负责人组织，使课程在项目的框架内根据需要分阶段授课，提高教学效率，突出课程的系统性，为学生的专业学习创造条件。要求学生能熟练运用 3D MAX、PS、CAD 等设计软件，初步达到岗位要求，是专业学习必须要具备的专业技能，也节省大量精力用于后续的拓展和提升。

四、结语

总之，要培养出新型工艺美术专业人才，学校要从课程创新、人才培养模式改变和增强校企合作三个方面来进行，要打破原有的教条和单一的教学理念，采用多层次、多模式和创新的新型教育方法来培养人才。相信在广大中职教育人士的不断努力下，可以为我国的工艺美术行业培养出更多新型技能型人才。

广告设计与制作专业人才培养模式研究

一、广告设计与制作专业人才培养的现状

在信息化高速发展的今天，广告宣传已经成为人们生活中不可缺少的一部分。广告不仅引导着人们的消费，有力地促进着商品的流通，推动着经济的发展，同时还深刻地影响着人们的生活方式与审美情趣。

经过调研发现，很多职业院校的广告设计与制作专业的人才培养，还是基于理论型的人才培养模式，单纯的创意理论型教学和实践脱节，学生的动手能力很差，更缺少广告行业专家的经验指导。另外，很多院校的教师实践经验不足，纸上谈兵，对学生实践能力的培养更是无从下手，整体的师资素质与实际的要求相比存在着很大的差距。对于用人单位来说，他们更希望广告设计与制作专业的毕业生能有扎实的基本功，兼顾吃苦耐劳和创新的精神。按照目前实际的广告设计与制作专业的教育模式，毕业生大部分缺乏这种素质，但同时他们又对薪资待遇抱有很大的期望，从而导致了用人单位的需求与毕业生的要求不符，双方的期待均不对等：一方面是企业招聘不到适合的专业人才；另一方面则是广告设计与制作专业人才因工作的实际需求得不到满足而大量流失并转向其他行业，最终的结果表现出来就是就业率上升缓慢的问题。这样的问题不仅仅存在于广告设计与制作专业人才培养上，而是几乎成了现代职业教育中诸多院校和专业面临

的现实问题。

传统的校企合作不能较好地将相互的需求点结合起来，使合作成为空谈，难以长期有效开展工作，学校培养的专业人才不符合企业需求，毕业生不能真正为企业创造价值，校企之间的合作就无法形成长效机制。

二、我校广告设计与制作专业人才培养模式中存在的问题

我校广告设计与制作专业人才培养模式存在的问题，主要表现为以下三个方面：第一，以就业为导向的力度小，校企合作的深度和广度不够；第二，教师的人才培养理念落后，不注重以能力为本位；第三，校外实训基地建设不力，使学生就业渠道狭窄。

学校培养的学生没有符合企业需求，学生进入企业后通过二次培训才能上岗，为企业创造价值，对企业而言就失去价值，这与企业的经营原则——利益最大化相悖。解决这一问题，继续积极联系相关行业企业，建立校企深度合作关系才是根源，共同探讨创新人才培养模式，精准定位专业人才培养目标，通过调研和了解企业相应岗位能力的需求，制定符合岗位能力培养的课程体系，实现点对点的定向人才培养，提高人才培养质量。

同时，我们还应该清醒地认识到：互联网数字化时代和广告设计与制作专业的密切联系，以及对广告设计与制作岗位能力的要求。广告设计与制作专业人才培养模式必须顺应互联网发展，及时把现今存在的问题进行分析，使人才培养定位更准确，课程构建更完善，职业院校特别是中职学校的广告设计与制作专业人才培养模式，更应该与时俱进地结合地方区域产业特色，利用互联网的特点制定更具时代特色和专业特点的课程体系。

三、广告设计与制作专业人才培养模式的对策

1. 广告设计与制作专业人才培养模式的合理构建

完整、合理的人才培养计划是培养出符合市场需求的广告设计与制作专业人才的重要保障。因此，在制订计划时要与市场相结合，做好充分的调研，并与相关企业专家共同商讨完成。首先，合理、准确定位人才培养

目标。广告设计与制作专业人才培养目标与纯美术教育专业的培养目标有很大差异。职业院校广告设计与制作专业要求学生不仅掌握扎实的专业理论知识，同时还要掌握过硬的专业技能及实战能力。其中，设计实战能力应该重点培养。根据调研走访的结果，我们应该将其培养目标定为：具有良好政治素质、创新和创业能力、统筹能力、策划能力、沟通能力、创造能力及良好的艺术修养；掌握广告设计和制作基本理论知识，具有广告设计与制作、广告创意与策划以及影视广告设计的职业能力；能在广告设计公司、文化传媒公司、企事业宣传单位从事广告设计、影视广告设计岗位技术工作的高素质技能型专门人才。其次，根据市场人才需要进行岗位群分析，从中提炼出适合本专业的核心岗位。通过对我校以往毕业生的就业跟踪调查了解到：广告设计与制作专业毕业生中近一半从事广告设计与设计助理工作。因此得出，在人才培养计划中，应将核心岗位定位于广告设计师和广告设计助理。最后，根据岗位群的划分制定出课程体系。

2. 优化结构，建立鲜明的课程体系

在人才培养中，课程具有无可替代的重要性和基础性。课程目标、课程内容、课程实施、课程评价体系的改革与建设将直接关系到教学效果和人才培养的质量。首先，对广告设计与制作专业的实践教学、专业特征和教学目标做出充分的评估，根据岗位要求做出有针对性的安排和配置。结合市场调研，增减课程学时，并根据具体的岗位特征配置相应的课程学时，调配实践与理论的学时比例。其次，在现代教学理论与现代教育理念的推动下，教学计划和课程标准的制定应符合目前的教育理念。尤其课程标准应由多个老师共同制定，根据目前广告行业的特征提炼出重点核心课程，并随时与企业专家探讨，予以修订。中职学校的培养重点应放在实践环节上，使学生真正地将企业项目与课程相融合，从而达到教学目的。

3. 将传统创意理论型教学方法转变为"实战项目式"

传统的艺术专业教学方法大部分都是创意理论型，在校学生只懂创意而缺乏实践，学生的设计往往是停留在电脑上，而没有将其变成具体、现实的成品，走出校门便会遇到很多实际问题。假如设计与市场没有紧密结合，就会导致客户不满意学生的设计，从而使得很多学生刚毕业就面临失

业。对于广告设计与制作专业的人才培养方向，更应该将重点定位于实践上，只有这样才能实现校园设计与市场需求相结合。转变教学方法是必要环节，注重项目引领的教学方法，在具有弹性特征的课程框架下引入企业项目，在具体项目设计实施中培养学生的创新意识与动手能力。引入的项目应具以下特点：①项目来自企业；②项目来自各种平面设计比赛；③项目具有可具体操作性；④项目拥有较大的创新空间。

4. 合理构建师资队伍，使教学队伍多元化

影响中职艺术设计实践教学的主要因素与其他高职类院校几乎一致，都是缺乏高素质和有实践经验的教师队伍。因此，合理的构建师资队伍是培养人才的重要保障。在师资队伍建设方面，主要通过以下途径进行改革：①采取结对子"传帮带"的方式，以老带新传授教学经验；②鼓励选派青年教师参加相关培训，寒暑假派年轻教师下企业顶岗，参与艺术设计实践；③成立专业建设指导委员会，并聘请广告行业中较为优秀的一线设计人员，担任兼职教师和客座教授，传授广告设计与制作的经验，讲授制作工艺等专业课程，进行双轨制的教学。这种方式不仅可以调动学生学习技能的积极性，还能让学生在学习与工作心理上具备良好的转换环境。

四、结语

借助参照职业教育相关指导文件：国务院《关于加快发展现代职业教育的决定》（国发〔2014〕19号）明确提出，"加快体系建设，深化'产教融合'、校企合作，培养数以亿计的高素质劳动者和技术技能人才"。到2020年，形成适应发展需求，产教深度融合，中高职衔接，职业教育相互沟通，体现终身教育理念，具有中国特色和世界水平的现代职业教育体系。

基于产教融合的广告设计与制作专业积极寻求校企深度合作，共同探讨创新人才培养模式，制定符合工作过程能力培养的课程体系，每门课程内容均对应职业能力培养，专业课程和产业对接，课程内容和职业标准对接，教学过程和生产过程对接，完成社会服务项目，实现点对点定向人才培养，提升人才培养质量。具体可从以下四个方面来考虑实施：

第一，专业精准定位。能充分体现以就业为导向的中职办学方向。

第二，课程体系对应职业岗位。校企共同确立人才培养目标，详细分解该专业岗位的工作过程，确立工作过程中要求的职业能力和能力要素，以实际工作职业岗位需求能力为依据，制定广告设计与制作专业课程体系，做到每门专业课程均对应相应岗位能力培养，实现点对点的人才培养，实现校企"零距离"对接。

第三，专业课程对接生产服务。专业课程内容制定以学生岗位能力培养为导向，以企业工作任务为载体，教学内容以企业对项目的验收标准为目标，制订专业课程标准和方案，完成教学内容传授的过程就是学生生产和服务社会的过程，以服务企业真实项目为课程训练模块，做中学，学中做，实现产学融合，产教融合一体化。

第四，鼓励任课教师企业挂职实践学习，通过校企深度合作，专业教师进入企业挂职锻炼，有效巩固教师专业理论水平，促使教师学习更多领域专业的理论知识。提升教师实践技能的同时，在教学设计和教学模式运用上能有更多的思考和理解，有利于提升教师的综合能力水平，并为专业人才培养模式的改革发挥更大的作用。

服装设计与制作专业人才培养模式研究

一、服装设计与制作专业人才培养模式中存在的问题

1. 教学目标不明确

缺乏市场意识，不了解市场上需要什么样的服装设计与制作专业人才，没有审时度势，及时调整教学目标以建立相应的人才培养机制，教学与市场脱轨，因而在课程设置和教学模式上，没有革故鼎新以建立新的教学体制与市场用人机制接轨。服装设计与制作专业人才的培养必须迎合市场的需要，必须根据市场对人才的需要来确定教学目标，建立健康而又完善的教学体制与教学模式。

2. 教师队伍结构不合理

教师队伍结构不合理，主要反映在他们的知识结构上，大多数教师缺乏实践经验，许多理论也是来源于间接经验，缺乏实证性，其理论很容易过时。尤其是一些老一辈的教师没有及时更新自己的知识结构，注入新的营养，而是采用陈旧的观念进行教学，这势必会对人才的培养极为不利，尤其是对急需获得新知识、新观念的服装设计与制作专业人才。

3. 教学方法上的欠缺

在学生创意能力培养方面，许多专业教师没有引导学生的发散性思维，以获得多方面的创作灵感和创作题材，而是主张学生多逛商场，拘泥

于现有流行款式的跟踪模仿。同时，许多专业教师只关注今年流行什么，创意紧随流行，学生的创意思维受到局限，盲目跟从是永远无法站在时尚前沿的，更不用说将来成为时尚的领跑者。同时，在教学过程中，也没有很好地把创意、结构、工艺等有机结合起来进行全方位、立体化的授课，而是把它们隔离开来，分开教学。在设计授课的时候，往往只注重创意而不顾及怎样用结构和工艺来表达；讲授服装结构课的时候，只注重一些传统服装款式的裁剪，而忽略了对服装结构进行演变；在上工艺课的时候，只拘泥于一些传统的服装缝制和工艺构造方法，而不创新。

二、服装设计与制作专业人才培养模式的对策

要把"学校企业化、工厂化，车间产业化"做大做强，将人才培养与企业需求相融合，将校园文化与企业文化相融合。

第一，当地政府、教育主管部门、服装行业、服装企业和学校要共同建立服装设计与制作专业人才培养研究会，根据用人单位和社会的需求确立服装设计与制作专业的人才培养模式。

第二，要得到服装企业的大力支持。这是实施"学校企业化、工厂化，车间产业化"的前提条件。要通过政府、学校、企业之间的配合，建立"学校企业化、工厂化，车间产业化"人才培养模式实施的长效机制，充分发挥中职教育"面向市场、服务企业，服务当地经济和社会发展"的重要作用。

第三，深化教学领域的校企合作、校企一体化建设。行业、企业参与学校职业教育改革，共同制订服装设计与制作专业教学指导方案，设置课程标准，编写教材，并参与教学实践。在校企合作，"订单"培养的条件下，实行"工学交替，以产代教"的教学形式，与企业岗位"零距离"对接，使学生更快地适应工作岗位的需要。

第四，当地的新闻媒体和学校要大力宣传职业教育，使社会各界都来重视职业教育的发展，特别是学生家长，要转变重普教、轻职教的思想，对职业教育给予更多的关心与关爱。这是职业教育发展的重要保障之一。

三、结语

职业教育其实就是一种就业的教育，应以新课改理念引领下的企业化服装设计与制作专业人才培养模式，建立以生产实践为平台，变学科本位为岗位本位，实现"学校企业化、工厂化，车间产业化"，形成较完整的产业体系，不断深化实践教学改革，使学生能够成为企业需要的服装设计与制作专业技术人才。因此，运用企业化人才培养模式，形成具有完整生产流程的"准企业"人才培养机制，目的是能让它发挥最大的教学作用，更好地为学生服务，在教学上形成集教学、培训、研发、生产、销售于一体的教学体系。

第五章 广西职业教育建筑装饰专业群课程体系改革研究

明确建筑装饰专业群培养目标定位，立足于服务国家"一带一路"建设和北部湾区域经济发展的需求。深化校企合作，发挥学校与企业的主体作用，坚持专业群各专业以能力培养为核心，以职业技能训练为重点，以生产实训基地为依托，围绕建筑装饰行业的职业标准和岗位需求，突出建筑装饰应用实践能力培养，重构以实践技能为导向的实践性课程体系。组建由行业专家、企业人员、资深教师构成的课程体系开发团队，加强优质核心课程和特色教材建设，保证教材的优、实、新，结合实际情况编写课程教学工作页。探索"五年一体化"①培养模式，专业课程体系设置对接高职专业要求，在课程设置、工学比例、教学内容、教学资源配置等方面做到"七个衔接"。

---

① "五年一体化"也叫作"五年一贯制"，又称"初中起点大专教育"，招收参加中考的初中毕业生，达到录取成绩后，进入高等职业学校学习，进行一贯制的培养。

建筑装饰专业课程体系改革研究

一、专业培养目标定位

随着我国对外开放力度的加大，使涉外公共建筑工程的建设增多，扩大了装饰装修的市场需求规模，推动了装饰行业整体水平向国际化层次发展。这给我国中等职业学校建筑装饰专业教育的发展带来了机遇，极大地促进了我国中职建筑装饰专业教育的发展和繁荣。中职学校的生源主要是农村的应届或往届初中毕业生，很多学生因没有办法继续接受高中教育而选择中等职业教育，然而中等职业学校为了自身发展，将招生条件放宽，以致生源的质量比较差。这些学生的美术基础层次不一，有的甚至没有基础，而建筑装饰专业又是一个综合性的专业，涉及的学科和领域都比较广，使得建筑装饰专业教学遇到很多困难，教学难度增加。广西壮族自治区是少数民族聚集地，是中国—东盟博览会的永久举办地，拥有浓郁的文化底蕴，但广西职业学校的课程体系与其他地区的课程体系具有极大的相似性，难以达到培养具有壮族特色、面向国际化的高素质技能型艺术设计人才的目的。如果长期保持这种课程体系模式，就很难突出广西职业教育的特点。因此，中职学校建筑装饰专业如何根据社会发展的需求和生源特点，将民族特色文化与国际文化融合到课程设置和教育中，需要进行建筑装饰专业课程体系改革，优化课程体系，把培养建筑装饰行业需要的高素质技能型人才作为当前的重要工作之一。

二、建筑装饰专业课程体系重构

1. 课程教学存在局限性和片面性

建筑装饰专业课程选用的教材没有针对性。虽然重点突出、直观易懂，但编写教材的都是专业教师或理论专家，他们不具备丰富的实践经验，同时，教材内容缺少与职业岗位需求相符合的、能反映学生职业能力的学习性工作任务的编排。课程内容与实际工作岗位的需求有一定的脱节，不能体现实际工作要求，也不能很好地结合岗位需求分配教学任务、工作任务；课程创设的教学情景难以突出"工学结合"的职业教育特色，不能很好地发挥学生的主体地位，也不能激发学生的学习兴趣。课程教学势必存在局限性和片面性，不利于学生对新知识、新技能的获取。

2. 课程教学体系不具多元化特色

目前，广西中职学校的课程体系与其他地区的课程体系具有极大的相似性，难以达到培养具有少数民族文化特色、面向国际化的高素质技能型艺术设计人才的目的。学生基础差，不具备国际审美能力，没有学习对外交流的技巧，缺乏国际交流的能力，造成涉外交流不便。

3. 课程质量缺乏有效的监督与评价

中职学校建筑装饰专业课程质量监控和评价考核体系基本通过听课、开展教学检查、设定教学督导、实施学生评教等方式展开。在课程项目量化和学生认知、态度等因素的影响下，监控与评价的激励功能和改进功能较为薄弱，有很大的局限性和偏差，不能很好地反映学生的工作能力，致使课程质量监控和评价考核或多或少地存在着走过场的现象。除此之外，现行的课程质量评价标准过于侧重衡量学生完成工作任务的成果，忽视学生实施工作任务的过程评价。

4. 课程实践条件落后，与企业之间的合作不够紧密

实习是实践教学的重要一环，好的实习基地更是加强实践教学、培养学生实践创新能力、实现高技能应用型人才培养目标的基础，对教学质量

起到保障的作用。课程顺利进行的关键就是学生学习、工作的环境和场所的落实建设。建筑装饰专业课程需要尽量模拟真实的工作环境和教学场所，让学生有机会完成与工作任务较为一致的学习任务。目前，中职学校的专业实习实训教学场所普遍存在数量不足、结构不够合理、分布过于集中、软硬件条件落后、实训设备陈旧的现象，工种实训教学体现不出新技术、新工艺等。

三、建筑装饰专业课程内容的更新

1. 依据职业岗位划分职业能力，围绕学生职业能力重设课程体系

确定以施工员、设计师为核心的职业岗位群，依据专业学生职业岗位划分学生职业能力，围绕提高学生的职业能力重新设置课程体系。教师、企业技术工程师都参加教材的编写、课程的制定，结合实际情况来编写"学生工作页"和"教师工作页"，包括任务描述、学习目标、工作内容要求和工作评价标准等课业文本。教学内容多引用专业项目实例，如企业在建或已完工的实际项目，为教学提供必要的学习资源。以项目教学为导向的情景模式，建虚拟模拟场景，让学生实现教中学、学中做的模式，提高技术技能水平。

根据中职学校的生源特点，设置好绘画、色彩等基础课程与技能实操课程的比重。建立专业基本技能、专业职业技能、综合能力、广西特色等各类课程之间的联系和衔接，仔细寻找各门课程之间的关联性，做好前后课程之间的衔接。让学生在设计的过程中能够把握整体，具备结构造型、排版、设计等方面的基本能力，同时与技能实操软件相结合，把设计者的理念表达出来。

2. 民族文化与国际文化融合，构建特色课程体系

随着全球经济的发展和网络的普及，以及广西壮族自治区的特殊地理位置，广西壮族自治区成为中国—东盟博览会的永久举办地，与东盟国家有很多业务往来。因此，可以在教材中加入更多的国外案例，如了解各国的国情、习俗、审美等，让国际化审美对接国际工作，设计出符合对方认可的作品。

为传承广西少数民族特色文化，了解广西少数民族特色的传统艺术，可以在课程设置中适当加入少数民族文化课程，特别是壮族的艺术文化课程，引导学生将传承广西少数民族文化与现代艺术相结合，赋予民族艺术新的生命。同时注意引入美学、人文、历史、哲学、心理学、广告学等交叉学科，拓展课程的内容，培养学生的综合素质。这些课程可以压缩成为综合类课程，也可以作为选修课让学生选修，让学生有一定的认识和兴趣，引导学生还需要多关注其他交叉学科即可。民族文化与国际文化融合，形成具有广西特色的中职特色课程体系。

3. 加强校企合作，促进实训基地建设

加强校企合作。扩充实习实训教学场地，增加教学设备资源，创造更多机会让师生参与策划企业项目方案，为学生提供更多的实习实训机会，为专业教师到企业生产线实践、提升教师业务水平方面给予大力支持，实现校企同步发展与提高。与校外用人单位建立长期、稳定、持续、深层次的合作关系，充分调动企业与学校合作的积极性，在现有校外实训基地的基础上，建立能满足提供学生认识实习、顶岗实习、毕业实习的场所；满足"双师型"教师培养需要，为教师提供实践锻炼的场所，成为教师社会服务的对象；满足兼职教师的技术研发试验需要，成为兼职教师的主要来源地；为学生提供就业岗位，成为专业建设的合作单位的综合性校外实训基地。

四、结语

建筑装饰专业课程体系改革应注意面向国际，立足于服务国家"一带一路"建设和北部湾区域经济发展的需求，将民族文化与国际文化融合到课程设置和教育内容中，进行建筑装饰专业课程体系改革研究，优化课程体系，培养出建筑装饰行业需要的高素质技能型人才。

工艺美术专业课程体系改革研究

一、专业培养目标定位

中等职业技术学校的工艺美术专业，是培养广告、装饰、平面设计等相关产业一线岗位所需求的、具有一定的专业理论知识和较强的操作技能的应用型人才的摇篮。随着改革开放的进程加速，人们已经不满足于物质上的需求，愈来愈注重精神上的感受，这种观念的转变，带动了与之相关的装饰、广告、环境设计等相关产业的快速发展。

中等职业技术学校培养的工艺美术专业的学生正是这个行业中紧缺又重要的基础技术力量。如何科学合理地安排在校期间的课程内容，做到学为所用。这就要求我们以市场需求为导向，教育教学环节紧紧围绕市场需求展开，课程结构以市场需求的规格和质量要求开设，教学内容满足一线工作环境的要求，构建衔接、融合、沟通的新的课程体系。

中等职业技术学校工艺美术专业人才的教育应培养以具有一定的专业理论知识，熟练掌握工艺技能，具备一定的设计能力的人才为主。以此为目标，开展对中职工艺美术教育规律、方法、课程设置的研讨，探索与之相适应的施教原则、师资结构、教材体系等，使受教育者达到四个目标：一是技能目标；二是专业理论、审美能力；三是文化知识、综合能力；四是品质培养、市场反应能力。其核心是专业技术能力。合格的工艺美术专业人才，既是物质生产者，又是艺术创造者，创意和制作不能截然分开，依赖于物质材料和工艺技术，实现形象思维与理性思维、动脑与动手互相推进的过程。从设计的观点来看，熟悉程序与掌握方法比结果更为重要。

我们不能因强调学科性、系统性而忽视职业性与多向适应性，必须为深化改革创造条件，逐步走出以学科为体系的面面俱到的旧套路，要侧重应用，发挥优势，办出特色。

二、专业课程体系重构

根据中等职业教育是以培养学生技术应用能力为主旨的基本特征，要正确处理学生的知识能力与素质之间的关系，突出主干课的建设和关键能力的培养。比如，"设计色彩"和三大构成中的"色彩构成"课程的内容有部分重复，就可以把重复的内容合并于色彩课中，而把三大构成课的内容合并到一门构成课中，既保持了课程的连贯性，又减少了课程的重复。把节省下来的课时用于计算机辅助设计软件的强化培训，特别是对于中职学生来说难度较大的手绘课程，那么，在技能培训的课程内容安排上，就可以减少手绘的课时，多出的课时用于加强计算机设计软件的技能培训，使学生熟悉上机操作技能，具备这样能力的学生正是市场所迫切需求的。

三、专业课程内容的更新

1. 引导学生树立正确的工艺设计观念

工艺美术与绘画艺术不同，设计艺术不仅遵循绘画艺术的美学原理，而且以不同于绘画艺术的思维理念传达视觉形式来体现自身的实用价值。20世纪20年代，德国现代建筑设计学校提出"艺术与工业技术相结合"，首创包豪斯体系，翻开现代设计领域新的一页。由此，西方国家的设计艺术教育得到了迅速发展。我国的设计艺术远比绘画艺术引进得迟，而且设计艺术教育多年来一直受绘画艺术教育所左右，致使各类设计观念局限在绘画艺术的思维定式中。因此，在工艺美术专业教学中如何处理好艺术与技术的关系，以及对工艺美术专业本质的认识，将主导着教学的发展方向和思路。

2. 改进绘画基础教学模式

在基础理论教学中，应坚持以应用为目的，以"必需、够用"为度。工艺美术专业的基础理论课主要是"素描"和"色彩"。传统的"素描"和"色彩"课程，在教学中比较注重造型、表现技巧等，这很容易让学生对纯艺术创作产生兴趣。在专业课程教学改革工作中，既要注重对学生基础能力的训练，也要注重"可迁移性"和"扩散性思维"的训练，加强应用能力和创新能力的教改实践与研究培养，这样就能解决通常存在的专业基础课和专业课严重脱节的问题。绘画基础课可以控制在100～150课时：一是时间不允许，绘画基础只占工艺美术课程系统中的一小部分，大部分时间可以用来研究工艺美术的造型及结构、工艺实施和工艺制作等；二是只有纸面艺术效果，而无合理的工艺制作，设计仅是"纸上谈兵"。相反，只学那些常规的工艺美术程式，而不能灵活变化应用，也不能算是学会工艺美术。

3. 提高学生专业技术能力

专业技术课采用专题训练的方式以增强教学效果。例如，对工艺流程、工艺制作、民间工艺和民族工艺的制作，限于课时不可能一一讲授，但也不能降低要求。可以采用在实践中集中讲授、分开训练的方法，解决这个问题；还可以采用个性化、人性化的教学方法，"因人施教、不快跑"，根据学生的实际水平，"量身定做"一个恰当的目标，通过每一轮训练让学生树立自信心，较好地解决学生入学专业水平偏低的矛盾。

工艺美术专业教学的重点，就是要强化工艺美术造型设计与制作对应变化的训练，掌握工艺美术专业的主体核心。要求教师不仅要有较高的工艺造型设计能力，还要有一定的工艺美术的工艺技术水平，对设计、制作工艺要有所了解，尤其是对工艺美术设计、制作过程要有很强的把控能力，更要有能运用工艺设计原理变化出新的设计形式的能力，做到以绘画表现造型，以造型来设计结构，再通过制作工艺验证造型的合理性。这样，在教学中，教师就能有意识地培养学生的工艺美术能力。

四、结语

不仅通过理论教学传授给学生专业理论知识，而且通过社会实践丰富学生的社会经验和学科知识，培养他们的自主创新精神和实践能力，提高他们的综合素质。工艺美术专业作为一个正在成长、完善的专业，专业方向的确很重要。课程研究与整合，是对工艺美术专业课程体系改革进行研究与比较，为以后的教学提供一定的理论指导和参考。

广告设计与制作专业课程体系改革研究

一、专业培养目标定位

广告设计与制作专业定位于培养广告设计行业应用型高技能人才，通过工学交替、学做一体化教学，将专业知识和实用的岗位技能融会贯通，使学生熟悉相关广告设计、书籍设计、包装设计、招贴设计、标志与 VI 设计等工作，能在平面设计、广告设计行业的企事业单位从事艺术策划、设计、制作等方面的工作。要求学生热爱祖国，拥护党的基本路线，德智体美劳全面发展；具有诚实守信的思想品德和良好的职业道德与团队协作精神；学生将通过艺术设计思维能力的培养、艺术设计方法与技能的基本训练，具备本专业创新设计的基本素质；能自主创业。

二、专业课程体系重构

用学习、实践、生产三方面相结合的工学结合模式构建课程体系。学生学有所成，与行业接轨，服务于社会生产，是我们专业课程改革研究的根本。通过与企业合作，只有将广告设计与制作的真实项目带入课堂实施教学，才能最大限度地检验学生的学习质量，并发现学习存在的问题。这种模式按照教学体系设置可以分为以下四个阶段：第一阶段，注重培养学生理论知识的学习，课堂上，老师对学生进行理论灌输，在基础和专业理论课程上进行全面的学习和强化。第二阶段，学生在老师的引导下进入工作室，围绕工作需要进行专业知识的学习和强化。第三阶段，学生进入企业实习岗位，根据工作实际要求和规范上岗操作，锻炼学生的独立操作能力和创新能力，使学生更好地融入工作团队并完成工作任务。第四阶段，学生经过第三阶段的岗位实习后可以参加大型项目研发和管理。学生在实战中，不仅能为企事业单位及个人做设计项目，还能通过这些实战项目激发学生的学习积极性，并且与企业和个体经营者建立起良好的合作关系，取得重要的实战成果。

三、专业课程内容的更新

专业课程内容大体上遵循传统的教学内容。从所涉及的专业科目和应用方向到理论和实践过程，无论是哪个环节，都要顺应时代发展，根据市场需求来突出专业特色，更新专业课程内容。

1. 建立基于"微平台"① 延展的综合广告设计与制作课程

通过对广告设计与制作专业的传统教学模式与"微平台"广告推广技术的特点对比研究分析，与企业开展校企合作，在内容编排和体系结构上，遵循学生认识广告设计与制作专业的规律，根据网络"微平台"对广告设计师、综合广告设计制作技术员、广告产品展示发布分析师等岗位所需的知识技能，确定课程目标和内容。融入构成基础、版式设计、广告设计与制作等教学模块，基于"微平台"的设计标准要求，构建课程教学体系。对接企业岗位，合理定位课程标准和学习目标，完善教学实施、教学课件、项目实训内容方案以及学习考核标准等。

2. 建设以"微媒体"② 为主线的多方位教学内容，推进课堂教学改革

根据广告设计与制作专业教学大纲，针对目前网络技术发展对广告行业的影响提出新的要求，结合微信平台推出的广告图文制作技术特点，遵循职业岗位工作，按照"做学教合一"的职业教育人才培养模式，编写教材《网络广告设计与制作》。教材采取项目式、任务驱动的呈现方式，从

---

① "微平台"：依托微信打造的平台。
② "微媒体"：由许多独立的发布点构成的网络传播结构。

实用的角度出发，以"微媒体"设计制作为主线，讲解公众号、个人版订阅号、美篇、易企秀等 APP 使用方法和技巧。主要内容包括网络广告概述、网络广告策划、网络广告设计原理、网络广告设计表达、网络广告设计制作等。各项目均配有大量案例，以指导学生深入学习。

面对移动互联网的高速发展，"微平台"精彩纷呈的图文、视频及自媒体平台，学生抱有极大的兴趣并充满期待，想要涉及其中而又无从入手。我们专业一直倡导学生在网络上把无目的的"玩"转移到有目的的"学"，变"玩的兴趣"为"学习兴趣"，变"害"为"利"的理念。根据中等职业教育的特点及教材编写的基本原则，力求处理好教材的严肃性和趣味性，基础理论与实际应用，系统性、完整性与先进性的关系，并注意教材在教学上的适用性和启发性，注重提高学生分析问题和解决问题的能力。同时还提供了配套电子资料，内含大量的案例和素材，便于教师进行多媒体教学和学生自学。

3. 构建了以"微平台"为移动教室的在线教学平台

我们将"微平台"作为移动教室，随时开展在线教学，将教学资料、学习任务等在各班创建的教学群发布，可及时针对既定教学任务和随机任务进行讲解和展示，借助移动互联网的实施更新效应，打破了以往的传统教学受制于场地、设备和时间的限制，提高了教学效率，拉近了师生距离。

广告设计与制作专业与艺术密不可分，可以提高学生的实际动手能力。我校选择与企业合作的形式培养学生的专业技能，因而，在整个课程体系中特别重视专业发展特色。广告设计与制作专业根据就业方向可以分为平面广告设计、立体造型、室内装潢等多个发展方向，不同的发展方向要求学生对不同的能力进行学习和强化。广告设计与制作专业本身就具有较强的特色，这个专业看中对学生实际动手能力的培养。

通过与企业的合作，学生在实习岗位中不会漫无目的工作。

四、结语

中职艺术类广告设计与制作专业主要培养学生的实际动手能力、创新能力，使学生毕业后能直接面向就业岗位。这个专业的学生通常需要具备扎实的美术、绘画基本功。学校能不能培养出优秀的广告设计与制作专业人才，与专业课程体系建设和具体设置有直接关系，要想提高人才培养质量，就必须对这个专业的课程体系进行全面有效且深入的改革和实践。

广告设计与制作专业一体化课程体系构建还要不断地深入探索研究，根据市场对人才需求的变化，我们要不断调整教学模式，进行专业调研、专业再造、课程再造，尽量缩小我们中职学校与企业、行业的距离，达到真正与企业接轨的目的，这样的职业教育才有生命力和发展空间。

04 服装设计与制作专业课程体系改革研究

一、专业培养目标定位

目前，我国服装产业规模为世界第一，是世界最大的服装生产国和消费国。随着我国服装行业的转型和升级，服装行业对专业人才的要求也在不断提高，那么，在服装设计与制作专业的教学上，就需要提高教育教学质量，改革培养模式，更新教学观念，改善教学内容，改进教学方法，开展深层次的教育教学改革，培养专业技能一流的高素质人才。

随着移动互联网的高速发展，新事物和新观念不断地产生，从而不断地影响和改变着各行各业。服装电子商务、模拟试衣和服装的网络宣传等逐渐成为主流，学校的专业课程也应关注在互联网高速发展下，网络对服装设计与制作专业的影响和联系，通过对新技术、新平台的研究与实践，改变传统的教学模式和教学内容，进一步提高学生在服装行业的综合技能，更好、更快地培养出优秀的人才。

二、专业课程体系重构

服装行业有服装款式设计、服装版型设计、样衣制作、排版裁剪、工艺设计、面辅料供应、市场预测分析等岗位，这些岗位都是企业生产经营活动中不可或缺的。由于学生的精力和时间有限，在校期间要达到学习面面俱到、样样精通的效果是不太现实的。因此，可以适当地以目标岗位为重点，以专业技能和综合职业能力培养为主线贯穿整个教学过程。课程设置需要强化理论与实践的一体化，以实用、够用为原则，突出教、学、做三合一的教学理念，将课程设置按模块式的教学模式进行，分为理论基础模块、专业能力模块和重点选修模块。在理论基础模块，需要向学生提供从事服装设计与制作行业的现代化、工业化生产或独立生产所必需的基本知识和技能。学生在完成理论基础模块的学习后，结合自身特长及优势，根据不同的专业技能发展方向，在专业能力细分模块中选择专业方向重点学习，既可以让学生发挥自身优势和特长，提高学习效率，又能增强学生的自信心，使学生能够在择业过程中目标明确，使毕业生的专业层次及形式进一步多样化，最大限度地提高就业率，满足企业不同岗位的用人需求。

三、专业课程内容的更新

1. 进一步提高中职生的综合素质

随着社会的不断发展，企业为提高工作效率、改善产品质量，面临着转型和升级改造，大量新工艺、新材料、新设备不断投入使用。大多数服装企业现有人才结构单一，知识面狭窄，企业对服装实用型、技能型人才的需求也更为迫切。在对学生就业服务跟踪调查中发现，企业对于员工的综合素质特别重视，大多数企业的老总认为，企业需要的是具有一定专业基础知识与技能，具有较强协作能力，有上进心，虚心好学，踏实肯干，能吃苦耐劳的员工，这样的人可塑性强，有发展空间，并且留得住。

根据服装企业就业岗位对能力的要求，所需要的知识技能和能力主要表现在：①具有较高的艺术、美学修养和思想道德素质，文化素质以及心理素质；具有较好的人际交往能力，较强的团队协作精神；②具有良好的质量意识和效益意识，以及产品检测评估能力；③具有扎实的服装设计与工艺基础知识，能识读服装技术文件，合理选择服装设备、加工方式等的能力；④了解服装设备、服装技术的发展方向，掌握一定的计算机基础知识，具有继续学习的能力和适应职业变化的能力；⑤了解相应的行业规范、产品质量标准，具有一定的业务管理知识和组织管理能力。

2. 教学方法、评价与考核的改革

要落实以技能为核心，以学生为主体的教育教学理念。大力推进理论实操为一体、项目带动、学科整合等改革。让学生通过项目任务的完成，实现理论知识与实践技能之间的有机融合，从而提升学生的自信心和成就感，使学生爱学、肯做。将服装设计、服装结构、服装工艺、服装材料等若干独立的项目融为一体的课程教学模式，使学生的学习过程具有趣味性、创造性，并且能将教、学、做三个环节融为一体，充分调动师生的积极性，有利于提高课堂教学效果。在提高学生的学习兴趣、培养综合职业能力的同时，引导他们做好职业生涯的长远规划。

服装设计与制作专业作为主观性、创造性较强，实际操作能力要求较高的专业，应通过给学生布置任务和作业的形式对学生的专业知识和学习成果进行考核和评价，并且把这种考核和评价的工作常规化，形成一种模式，师生根据考核和评价的要求来完成学习目标，不仅能提高老师教学的积极性，也能提升学生的学习效果，有利于专业教学质量的提高。另外，教学过程让学生参与评价，确定自己的学习成果，认清自己的优势与不足，特别是自身的学习进展与计划目标之间存在的差距，学会反思自己的思维方法与学习过程，找到提高与改进的方法。

3. 教材的编写与变革

组织行业专家、企业人员、资深教师等共同参与编写适合学校需要的项目教材，保证教材的优、实、新。例如，教材中以服装基本款式为项目，从款式的设计→订单的制作→样衣的制作（包括服装的平面裁剪与立体裁剪）→生产的准备→正式的裁剪工艺→缝制工艺（包括熨烫及后整理要求）→成品的检验→整理、包装等过程，以及生产技术文件的编制→成果的展示→最终的评价等方面，编写符合服装行业要求的内容，能更贴近企业大生产流程，使学生循序渐进地学习，无论将来是就业于服装行业中的哪一个岗位，都能了解整体流程中的环节。

4. 校企合作，工学结合

加大校企合作力度，将企业的工作间引进学校实训中心，建设融合研

发、生产、教学于一体的新型高水平实训基地，形成学校教师与企业人员在实际工作中互聘互评、优势互补的局面，充分利用校园的学习环境和工作环境，为学生提供边学习边见习、工学交替的企业文化氛围和工作情景，提前适应和熟悉服装行业的工作环境。力争做到校内实训中心既是学生的学做课堂与锻炼场所，又是企业的品牌研发基地，还是企业的第二生产部门，充分挖掘企业参与学校教学活动的积极性，形成企业与学校共同制订实施人才培养方案，形成教学任务更具体、技能要求更规范、发展目标更明确的办学机制。

5. 建立互联网相关的综合课程

针对目前网络技术发展对服装行业的影响和要求，可结合互联网上各平台现状来制订教学计划和编写教材。例如，讲解公众号、电子商务、互联网宣传、AR 技术等对服装行业产生的影响，配合案例讲解服装行业的发展趋势，指导学生深入地进行学习。

另外，微课堂平台的出现使我们能随时随地开展在线教学，将教室搬到手机上，教学资料、学习任务等可以发布在移动平台的各个渠道，可有针对性地进行讲解和展示。借助移动互联网，打破了以往的传统教学受制于场地、设备和时间的限制，提高了教学效率，拉近了师生距离。

四、结语

服装设计与制作专业是个结合艺术创作、工艺操作等方面，综合性较强的专业。在整个课程体系中，应特别重视专业的发展，通过校企合作，学生在工作岗位中不会漫无目的，并提高了学生实际工作的能力。服装行业根据就业方向可以分为设计师、制版师、工艺师等多个岗位，不同的发展方向要求学生对不同的能力进行着重的学习和强化。服装设计与制作专业主要是培养学生的实际动手能力和创新能力，使学生毕业后能直接面向工作岗位。学生需要具备扎实的专业理论基础和能力，而专业课程体系的建设与改革与之有着直接关系。

第六章 广西职业教育建筑装饰专业群师资队伍及名师工作室建设研究

以专业带头人、国家"万人计划"教学名师陈良教授为引领，以国家"双师型"教师队伍建设标准为方向，整合政府、学校、企业多方资源，制订和实施专业群师资队伍培养计划。借助外送内培整合优质资源、通过校企互派提高技术技能、鼓励自我提升持续发展、完善激励和保障机制等多种手段，打造一支师德高尚、结构合理、业务精湛、充满活力的高素质建筑装饰专业群"双师型"教学团队。同时，以名师工作室为纽带，充分发挥其引领和辐射的作用，构建区域内教师发展新模式，推进专业教师与企业技术人员双向交流，夯实建筑装饰专业群发展核心竞争力；整合、共享职业教育集团内优质教学资源，建设体现企业生产过程的学校特色实训基地；创新"现代学徒制"，培养传承民族建筑技艺的接班人。

建筑装饰专业师资队伍及名师工作室建设研究

一、建筑装饰专业师资队伍建设研究

1. 研究的目的和意义

（1）专业师资队伍建设研究目的。高水平、优质专业，离不开专业的师资队伍；高水平高技能的专业教师，既是专业发展的基础，也是教师个人职业发展的要求。我校建筑装饰专业作为广西壮族自治区品牌专业立项建设单位，为满足品牌专业建设的需求，同时也为推动建筑装饰专业师资队伍建设，提高师资队伍整体素质，打造一支懂理论、能实操的"双师型"师资队伍。

（2）专业师资队伍建设研究意义。"火车跑得快，全靠车头带。"一个团队的发展，离不开学校专业教师的发展，离不开专家名师的引领。我校每年都会邀请全广西壮族自治区乃至全国的职业学校教学名师对老师进行培训，其中，我校国家级教学名师、全国模范教师陈良教授为学校建筑装饰专业学科带头人。作为带头人，他经常给团队专业教师做报告，帮助普通老师逐步成长，起到了很好的模范带头作用。学校聘请全国职教名师给专业老师做报告，做好学校教师的传帮带工作，对促进我校建筑装饰专业师资队伍建设研究具有极大意义。

2. 我国建筑装饰专业师资队伍现状分析

随着建筑装饰行业的发展，我国各院校的建筑装饰专业师资队伍也在不断建设与完善，但仍存在诸多问题。"双师型"专业教师数量不足，专业教师来源较为单一。绝大多数为相关专业毕业后直接从事教学工作，拥有较高的学历和丰富的理论知识，但大多缺乏专业、行业内的实践经验，导致学生在实践能力、实训能力等方面难以有明显的提高。另外部分有着行业、企业工作经历的教师又欠缺理论教学能力，他们大多有较强的实践能力，但缺乏系统的教育教学能力培训，以至于对课堂教学的掌控较为困难。因此，加大专业师资队伍的建设力度是全国院校的共同目标。高水平、高技能、精理论、懂实践的综合型专业师资团队才能让学生的专业技能及综合素质得到有效提高。

3. 我校建筑装饰专业师资队伍现状分析

教师个人的发展离不开团队的发展，团队合作是提高教师素质的有效途径之一。建筑装饰专业经过多年的发展，师资队伍不断壮大，目前已经形成一支老中青结合、以中青年教师为主的专业师资队伍。在学历方面，中青年教师的学历层次还需要提升，不断加强。在职称方面，需要积极扶持年轻教师，优化职称结构，特别需要加强青年教师的培养。在学科带头人方面，高水平、高技能、高学历、高职称的专业学科带头人还比较匮乏，需要不断充实，加大培养力度。

目前，我校建筑装饰专业教学团队共有教师 14 人，其中，研究生学历 4 人，本科学历 8 人；正高级讲师 1 人，高级讲师、高级工程师 4 人，讲师、工程师 6 人，国家级教学名师、全国模范教师 1 人，高级技师 2 人，教师团队学历、职称、年龄结构合理，是一支优秀的教师队伍。现有建筑装饰专业学科带头人 1 人，骨干教师 4 人，计划经过品牌专业建设，用两年左右的时间培养学科专业带头人 1 人、骨干教师 2 人，培养校级教学名师 1 人，晋升高级职称 1 人。

4. 建筑装饰专业对师资队伍建设的对策与思考

（1）坚持教学与科研并重的理念。团队教师的科研水平和技能实训水平是团队教师整体水平的体现。教师的教科研能力体现在三个方面：一是课题立项。近三年来，团队成员中累计参与相关教科研课题达 14 项，基本实现团队教师全员参与。二是教学成果。由学科带头人陈良教授领衔的建筑装饰专业教学团队曾获国家级教学成果二等奖，自治区级教学成果一、二等奖等，对提高教师的科研能力有极大的促进作用。三是教学能力。教学能力比赛是教师教学水平的体现，团队教师中有成员参加广西壮族自治区教学能力比赛获一等奖，下一步争取在国家级教学能力比赛中获奖。教师的技能水平也体现在三个方面：一是指导学生参加比赛。团队成员指导学生参加比赛多次荣获全国一等奖、全区一等奖，在技能比赛方面成绩突出。二是教师自己参加比赛。团队教师参加技能比赛获自治区一等奖，充分体现了教师的技能水平。三是指导学生技能实训。校内开展的日常教学实训，都需要老师进行指导，团队成员中有很多经验丰富的教师，指导建筑装饰专业学生进行建筑装饰设计、装饰工程水电安装、装饰木工、装饰抹灰、装饰面砖镶贴、装饰工程质量验收等一系列的工程实操实训，这对教师的实践教学技能提出了较高的要求。

（2）注重师资队伍培养。经过有目的地培养，团队教师的水平得到整体提升，打造一个教学质量高、建设成果丰硕、达到全自治区一流水平的教师队伍。具体的团队建设措施有：一是集体备课。为提高教师的授课水平，在教学团队内坚持集体备课，通过小组研讨、网上交流等形式进行。二是团队合作。通过团队合作开展课题申报、教学成果申报、教材编写、发表论文等多种途径整合团队资源，形成合力提高团队工作效率，形成一批团队合作成果。三是新老对接。为提高团队教师中年轻老师的业务水平，在学校的统一要求下，团队积极进行新老对接，年轻老师与多个师傅进行对接，师傅包括教学师傅、班主任师傅、科研师傅等，通过 1~3 年全方位的对接，年轻老师能快速上手，融入团队中来。四是指标考核。为将团队建设落到实处，提高建设效果，制定了一系列的考核指标，如教学质量排名、教案课件获奖、听评课获奖、教科研立项、教学成果、指导学生参加技能比赛、教师参加技能比赛、教师教学能力比赛、出版教材、发表论文、班主任工作量化考核、全员参与学生管理、德育创新评比等一系列的评比方案，并通过其激励措施鼓励团队成员积极参与，真正达到全员提高的目的。

（3）校企互派提高教师技能。学校培养什么样的人，培养的人能否满足企业的用人需求，这都需要与企业行业合作，学生做到学以致用，才能真正学到专业技能。同样，老师也需要学习和了解本专业、本行业、企业的新材料、新技术、新规范、新工艺。加大校企合作力度，让学校老师参与企业的管理，学习企业先进的管理经验和管理方法，并应用于学校教学中。学校聘请企业技术骨干作为学校专业教学指导委员会委员，参与到专业教学方案的制订、课程设置、专题讲座等教学活动中来，通过校企深度合作，共同培养高技能人才。我校建筑装饰专业与广西美饰美佳装饰工程有限公司、广西一棵树装饰公司、广西铜阳装饰设计公司等多家企业开展校企合作，企业为学生提供实习单位，学校为企业培训技术人员，形成互利共赢的良好局面。下一步，计划再开展更深层次的合作，学校提供场地，企业提供设备，共同培养学生，使师生的技能水平再上一个台阶，在不断开展合作的同时能开展冠名班，争取企业为学校学生提供奖学金等。

（4）外送内培整合优质资源。优秀的教学团队离不开优秀的成员，优秀的成员源自不断地学习提高。我校建筑装饰专业教学团队主要从四个方面来培训提高教师：一是外出送培。近三年来，建筑装饰专业教师外出培训 21 人次，有国家级的培训、广西壮族自治区级的培训。二是请入专家。由于工作原因不能离开学校的，我们则通过邀请广西壮族自治区内外的专家为教师提供培训。三是网络培训。网络的发展为专业教师的培养又提供了一个途径，网络培训的特点是：可以反复多次自主学习，是较为独立、自由的培训形式。四是企业培训。对于职业院校的教师，除传统的培训之外，到企业培训是培养教师专业技能的有效抓手，只有教师具备了相应的专业技能，才能培养出优秀的学生，所以教师到企业培训在后续的工作中将会占更大的比例。

（5）鼓励教师自我提升保持持续发展。教师的可持续发展，关键是教师的自我提升，建好造血机能而不是一味地输血。因此，教师要发展，自我提升很有必要。一是学历提高。现教学团队中教师的学历绝大部分都在本科以上，为达标要求，鼓励教师学历提升，达到研究生学历水平。二是职称晋升。职称晋升不仅关系到教师个人的发展，同时也关系到整个教学团队的发展，团队中高一级职称的教师指导低一级职称的教师在职称晋升方面多做工作，提高团队教师的整体职称。三是职业资格。在团队成员中，具备高级职业资格证的教师不多，还需创造条件提高教师的职业资格，尤其建议建筑装饰专业教师考取相关的执业资格证书，这对提高教师的职业技能水平大有益处。

（6）加强完善激励和保障机制。培养专业师资队伍，提升专业整体素质，在区内树立品牌，需要制定一系列的激励和保障措施。具体措施有：制定课堂教学评价机制、教学质量评比办法、教学成果奖励办法、听评课制度、技能比赛奖励办法等教科研评级体系。评价体系的制定对提升教师的素质起到极大的推动作用，同时还需要不断完善，充分保证相关制度和办法的实施。

5. 结语

通过对建筑装饰专业师资队伍建设的研究，多种途径对教师实施培养，整个教学团队的教学水平得到更进一步的提高，说明我校建筑装饰专业师资队伍建设的成效是显著的、方法是可行的、措施是得力的，但还需在建设过程中进一步完善，使其成为全广西壮族自治区的品牌。

二、建筑装饰专业名师工作室建设的研究

1. 建筑装饰专业名师工作室建设的目的意义

以名师工作室为纽带，规划建设特色实训基地。一是充分发挥名师工作室的引领和辐射作用，构建区域内职业院校教师发展新模式。推进专业教师与企业技术人员双向交流机制建设，夯实建筑装饰专业发展核心竞争力；校企合作对接产业开展技术交流，加快高技能人才集聚，形成技术创新团队，为技术研修、创新、教学改革等提供交流平台。二是以名师工作室为纽带，整合和共享职业教育集团内优质教学资源，规划建设体现企业生产过程的职业教育集团内各职业学校特色实训基地，研究制订职业教育集团内企业校外顶岗实习基地建设计划。以名师工作室的纽带作用，创新"现代学徒制"，培养传统建筑技艺接班人。

2. 建筑装饰专业名师工作室现状

建筑装饰名师工作室的建设原则，按照"以发展吸引人，以事业凝聚人，以工作培养人，以业绩考核人"的人本管理思路，紧紧围绕广西地区的经济建设中心，充分发挥工作室成员的技能专长，解决生产技术关键、新品开发、技术改造和工艺攻关等技术难题，为企业服务。校企双方协同合作，共同致力于高技能人才的培养。

2014年和2016年，建筑装饰专业名师工作室承办了广西地区第一届和第二届建筑装饰综合技能项目选拔赛及选手集训工作。在此基础上，名师工作室连续培养了两届的参赛选手，在选拔赛上荣获一等奖，并代表自治区参加国家级的项目比赛，分别获得三等奖和二等奖的殊荣。

建筑装饰专业名师工作室建设存在的问题：资金投入紧缺，激励政策有待完善。工作室建设项目采用国家标准，设备及耗材使用的是国内高档产品，很多装饰工程的工具劳损或者需要更新换代，还有设计机房的建设硬件和软件的不定时升级也需要资金的投入。项目成果转化制度及团队的奖励政策尚需进一步完善，避免人才流失的情况发生。

搭建名师工作室团队与校内专任教师交流平台，建设"教学名师+能工巧匠"的师资队伍工作需进一步探索。通过引路，把名师工作室建设成为新技术、新工艺、高技能人才技能展示、交流的重要平台，激励专任教师向团队学习专业技能、行业新技术、新标准，提高专业技术技能水平，成为学校的"教学名师+能工巧匠"，充实师资力量。

充分发挥名师工作室的科研功能。由于名师工作室成员自身水平、研究能力存在差异，名师工作室围绕企业技术进步，参与行业建设的重大课题研究，创建产学研一体化示范基地建设工作尚需进一步提高。

3. 建筑装饰专业名师工作室建设的主要做法

（1）强化四个依托，实现互补多赢。

第一，依托专家团队，提升实训质量。通过校企合作，开设了瓷砖贴面、抹灰与隔墙系统、裱糊工程、管道与制冷、精细木工制作等项目训练。专家团队由全国"万人计划"教学名师、最美老师陈良副校长领头，有广西地区的能工巧匠，有历届世界技能大赛的获奖者等，个个技艺精湛、作风严谨。我们充分利用这些宝贵资源,把他们聘为学校的实训教师,按照国家竞赛要求对学生进行技能训练。

第二,依托优质师资,提供智力支持。学校拥有一支素质优良、专兼结合的教师队伍。每个项目除了有专职技能教练,还选派理论辅导老师,以弥补学生的短板。专业教师为培训选拔学生提供理论技术支持,如心理及体育教师为选手提供心理疏导及体能训练等。优质师资与专家技能团队密切合作,优势互补,共同培养优秀技能人才。

第三,依托专业优势,选拔优秀选手。建筑装饰专业为学校品牌特色专业,招生对象为全广西壮族自治区的初中毕业生,依托学校的生源优势,按照"班级推荐—定向培养—择优选拔—逐轮淘汰"的选拔流程,努力培养造就一批适应大赛需要、掌握特色技术、素质优良的综合性专业技能型人才。

第四,依托经验积累,快速提升水平。一是根据举办广西壮族自治区级比赛和参加国家级比赛的经验,有针对性地进行项目训练。二是严格执行训练方案,对训练团队实行封闭式管理。三是针对学生的个体差异,运用多样化的训练方式。四是按照国家级比赛的流程进行测试训练,提高学生的适应性。五是邀请广西壮族自治区内外建筑装饰行业一流的技术专家来校培训,其他兄弟学校的选手进行交流、测试比赛等活动,提高学生的知识面。

(2)做实四个保障,优化服务管理。

一是训练场地保障。学校拥有建筑面积达 1 000 平方米的实训场地,用于选手训练和选拔。内部设有贴砖、木工、地面工程、吊顶工程、识图、CAD、3D MAX 绘图实训室以及专家工作室等功能完善的训练及配套场所。

二是设施材料保障。按照国家级比赛标准,瞄准全国一流,配备各类建筑装饰施工工程的标准施工工具。从 2007 年到 2020 年,学校先后购置了几十套建筑装饰工程类的施工设备,包括精密推台锯、数控机床、平面雕刻机、大型封边机、开榫器等,以及专业的电脑设计机房并配备最新版设计软件,总价值达 200 余万元。

三是组织和制度保障。建立实训基地管理办公室，负责选手的训练组织和管理，以及基地的建设和发展规划。建立和完善了一系列管理制度，内容涵盖选手的选拔、训练与考核，教练、专家的岗位职责，设备购置与维修，等等。

四是后勤服务保障。考虑冬夏两季的气温差异，建设了室内的实训场地，突出人性化服务，全面提升后勤保障能力，为选手创造了舒适的训练和生活环境。

4. 建筑装饰专业名师工作室建设成效

（1）技能传承效果明显。建筑装饰专业名师工作室将"墙面砖瓷砖垫高器""瓷砖45度切割器"等新工具运用到技能培训中，同时，将自己创新的"瓷砖镶贴模具法"、新工艺CAD绘图快速入门法和室内快速绘图方法传授给参加技能大赛的学生，提高了技能培训和比赛的效率和成绩。

（2）有效促进技能名师人才队伍建设。建筑装饰专业名师工作室重视高技能人才队伍建设，加大培养力度。截至目前，已经有4名学生获得国家级比赛二等奖和三等奖，毕业后在全国著名的建筑装饰行业的企业里担任设计总监或装饰技术总监等职务。建筑装饰专业的其他教师教学能力和教研教改能力也得到了很大程度的提高，新进高级工程师2名，新进工程师4名，并获得广西壮族自治区级教师教学能力比赛一等奖数次。

（3）促进技能人才成长培养和社会文化传播。

第一，促进技能人才自主创业。名师工作室培养了大批高端技能人才，在不同的项目或工作流程中表现突出，同时，在严谨的训练中得到了品格、毅力等全方位的锻炼，这些都为人才的自主创业打下了坚实的基础，自主创业率大幅度提高。

第二，有效传播大国工匠精神。名师工作室所倡导的严谨、刻苦、求精的精神，不仅影响工作室的所有工作人员，而且对所有参与工作室培训的选手、学校的学生都起到了积极的带动作用。

工艺美术专业师资队伍及名师工作室建设研究

一、工艺美术专业师资队伍建设研究

随着社会的不断发展，社会对工艺美术专业技能型人才的需求越来越大。为促进民族手工艺的研究与发展，工艺美术专业教师作为传承与发展的主力军，在数量和质量上也有了更高的要求。因此，全面提升素质教育，中职工艺美术专业教师队伍建设必须要跟上步伐。本文从当前中职工艺美术专业师资队伍现状分析入手，探索如何更好地促进教师整体发展，构建一支结构合理、师德高尚、业务精湛的工艺美术专业教师队伍，为学生的学习和发展提供助力。全面推进工艺美术专业教育发展，是深化教育改革的一个重要方向。工艺美术专业师资队伍建设的提升，对工艺美术专业学生素质的提高具有重要作用。因此，我们只有全面客观地分析当前工艺美术专业师资队伍建设存在的问题，才能够更好地提升学生对工艺美术专业课程的重视程度，促使中职人才更好地发展。

1. 研究的目的和意义

（1）师资队伍建设研究目的。工艺美术专业教师是对学生开展工艺美术工作的核心力量，但在数量和质量上相对薄弱，严重制约学生能力的发展。尤其是随着社会的不断进步，社会对民族手工艺传承人才的需求量越来越大，因而师资队伍建设对提高专业教师队伍的素质、促进学生全面发展有着非常重要的作用。

（2）师资队伍建设研究意义。师资队伍建设对学生发展、教育教学、学生及教师自身成长方面都具有非常重要的意义。从学生方面来讲，教师队伍建设有利于更好地提升学生的学习热情，促进学生创新意识的发展。从工艺美术教学本身来讲，教师队伍建设不仅能够帮助学生更好地树立正确的审美观念，而且在教学模式、教学理念、教学手段方面都能够不断提升。教师队伍建设还有利于教师的自我成长。

2. 我国中职工艺美术专业师资队伍现状分析

工艺美术学科属于近年来兴起的一门学科，从我国工艺美术专业师资队伍建设层面来分析，发展得并不是非常完善。第一，师资队伍建设的目标定位不够明确。很多学校对师资队伍建设的重视程度不够，直接影响了工艺美术专业师资队伍的整体建设。第二，学校师资队伍招聘渠道来源单一，人才流动性差。因为缺乏有效的外界刺激，所以师资队伍结构和整体素质难以实现提升。第三，没有建立起完善的师资队伍考核奖励机制，教师工作的积极性受到了一定影响。第四，缺乏师资培养和成长体系。此外，还有很多学校将师资队伍建设的重点放在了提升现有师资队伍的教学水平上，不能从发展的角度，实现整个师资队伍的流动性成长，这就限制了工艺美术专业师资队伍的全面发展。

3. 我校中职工艺美术专业师资队伍现状

（1）专业师资队伍优势。我校工艺美术专业师资队伍建设目前已经取得了可喜成果。第一，师资数量比较均衡。我校设立"民族掐丝技艺名师工作室"，陈良副校长作为国家级教学名师，建立了手工艺制作实训室，涵盖掐丝手工艺画、陶艺制作、钻石画、五谷画、蜡染画等，指导学生参加全国、全区技能大赛，取得了优异的成绩。其中，民族掐丝工艺《壮族姑娘》获得 2015 年全国职业院校技术技能创新成果交流赛一等奖。第二，本校工艺美术专业教师的学历均在本科以上，整体文化水平比较高。本专业的美术教师，对于美术专业知识和教育教学知识的学习都比较系统。第三，美术教师的科研能力比较强。本校超过 80% 的教师都在市级、省级、国家级期刊上发表过高质量论文。在手工艺的传承与发展方面做了国家级、区级的立项研究，学校也经常组织教师开展教研活动，形成了良好的科研氛围。

（2）专业师资队伍不足。当前中职工艺美术专业教师队伍建设方面存在一些不足。

第一，教师在教学中不注重学生"工匠精神"的培养。教师在教给学生技艺的同时应该培养学生的"工匠精神"，对作品的细节做到极致与完美，对精品有着执着的坚持，做到卓越的创造精神，精益求精的品质精神，这需要教师在教学和实际操作当中不断地对学生进行潜移默化的引导和要求。

第二，教师在教学中不注重思政教育的引导。教师在教学当中应该融入"思政"教育，培养学生正确的人生观、价值观、世界观，在日常生活中养成良好的生活习惯，牢记"居安思危"的道理，对学生进行适当的挫折教育，培养吃苦耐劳精神和面对困难的勇气以及战胜挫折的毅力。教师应该要做到"身教"，在一言一行当中默默地感染学生。让学生懂得感恩祖国、感恩父母、感恩师长，为社会做贡献，做一个人格健全、灵魂有趣、对社会有用的人。

第三，教师在教学中与学生互动不足。学校工艺美术专业课程的开设数量有限，因此很多教师在授课的过程中，对学生的学习关注度不够。教师的每节课应更多地考虑如何调动学生的学习积极性，抓住学生的兴趣点切入主题，提高学生的学习效率。

第四，工艺美术教师专业实践能力不强。很多中职学校的教师在工艺美术实践方面能力不足，因此需要更好地与企业和工作岗位对接，参与企业实践学习和研发，以提升教师的综合实践创新能力。

（3）当前中职工艺美术专业师资队伍的要求。教师的自我提升意识比较薄弱，常常满足于现有的知识和技能水平，不能进行有效的学习和创新。师资队伍建设可以更好地鼓励教师，利用网络平台和企业平台开展扎实的实践学习和技能锻炼，引领教师更好地进行专业化成长，使教师队伍的整体素质全面提升。只有更好地树立教师的美育观念，丰富他们的教学体验，才能够帮助学生成为社会建设的中坚力量。因此，有必要构建一支优秀的教师队伍，提升工艺美术专业教学质量。

4. 中职工艺美术专业师资队伍建设的对策与思考

（1）坚持教学与科研并重的理念。教师队伍建设不是针对某一个教师而言，而是针对全体教师，坚持教学与科研并重。优化教师队伍的人才配置，在教师教学技能提升的同时，鼓励教师开展科研建设。在现有教学水平上提升教师的实践能力，推动教师不断进行科研创新。

（2）注重培养师资队伍。从上层规划和顶层建设方面有序推进学校教师队伍建设的工作，形成教育合力，让教师之间彼此合作、凝聚力量，完成一些整体性规划项目，切实提升教师队伍的规划建设。

（3）校企互派提高教师技能。中职工艺美术专业教师的综合素质提高是为了学生的长远发展，因此不仅要着眼于教师教研水平的提高，还要通过深度的校企合作提高教师技能。加强学校与企业之间的交流，让教师自身的才华能够有效发挥的同时，结合企业出现的新技术、新工艺、新程序、新方法，引领教师不断成长，丰富科研成果，提升教学技能，让教师积极钻研，更好地开发学生的创新意识，为学生的稳定就业提供有力保障。

（4）外送内培整合优质资源。要创建教师交流机制，不同学校之间相近学科的教师开展教学交流工作，组织教师实施说课、公开课、集体备课、积极研课、教学质量分析课等教研活动。以外送内培的模式，鼓励教师以开放的视野，坚持不断学习，达到多元化、开放学习、优化提升的作用，推动教师的多元化成长。

（5）鼓励教师自我提升与持续发展。教学本身就是一项创造性的工作，需要不断揣摩和学习。在中职工艺美术专业教学开展的同时，通过网络学习、课下互动、自主学习等模式，鼓励教师不断地自我提升与持续发展。同时，通过老带新、青年教师合作学习等模式落地实施，让教师开展指导和学习。建立教师专业发展团队，加强教师之间的对话与合作。从多个层面营造知识共享、合作发展、共同繁荣的文化氛围，为教师的专业化成长提供有力帮助。

（6）完善激励机制和保障机制。为了更好地营造教师成长的氛围，学校需要落实教师队伍的激励机制和保障机制。例如，定期开展教师之间的教学能力、教学成果和专业技能的评比，依托竞赛活动，为教学创新注入更多活力，以更好地激励教师成长。同时为教师取得好的科研成果，在硬件设备提供、教学氛围塑造方面提供有效保障，让教师可以专注于教学能力的提高。而对于未参赛的教师来说，可以通过观摩、比较和思考来提高对教学技能的认识水平。

5. 结语

随着社会的不断发展，尤其是现代化机械制造新工艺的不断涌现，国家迫切需要一些高素质、高技能的教师来完成工艺美术专业课程的教学工作和传统民族手工艺的传承与发展。创建一支团结合作、富有活力、理念创新、实践能力强的师资队伍，不仅能够为工艺美术专业教学注入更多活力，还可以更好地服务于人才的长远发展。

二、工艺美术专业名师工作室建设的研究

1. 目的意义

广西是壮乡民俗文化的发源地，以壮族文化为主的民间工艺品和技艺都十分丰富，知名的有壮锦、绣球、陶艺、蜡染、编织等。这些民间技艺代代传承，创造了许多有价值的艺术品。近年来，年轻人热衷于从事现代职业和工作，民间工艺发展出现无人继承、举步维艰的尴尬局面，传统的师徒制培养无法满足市场批量化的需求，也不利于继承和创新。随着职业教育的快速发展，在教育部的主导下，新型现代学徒制迅速掀起，名师工作室在学校落户，为解决工艺美术专业人才的培养提供了很好的平台和途径。

现代学徒制源于传统的师徒制，但由于时代的变迁出现根本性的变化。一是学历层次的高端性。传统的学徒制主要培养初等工匠，主要学习技艺；现代学徒制在学历上的要求更高，目前而言为专科。二是技能培养的超前性。现代学徒制是培养为将来技术升级的高技能人才，不只是着眼于当前以及几十年前的技艺、技能。三是师资队伍的开放性。师资队伍建设要与时俱进，除了加强与本区域的行业、企业对接，还可以将行业、企

业中的技术骨干、有丰富经验的技师都纳入师资队伍之中。

2. 我国工艺美术专业名师工作室现状

技能名师工作室运行与现代学徒制人才培养模式的结合，充分适应了传统工艺在现代社会发展的趋势，最大限度地发挥了现代教学优势，将传统的"师傅带徒弟"与现代教学培养模式相结合，以技能名师工作室为载体，促进院校与工艺产业之间的合作，实现工学结合的目的。院校可以建立现代学徒制的培养模式，将行业内的名师引入学校，并与相关企业合作，培养学生的创作能力和实践能力，向社会输送大批的工艺人才，推动非物质文化遗产的传承与发展工作。

3. 工艺美术专业工作室建设的主要做法

（1）技能名师工作室运行与现代学徒制人才培养模式结合的背景。广西壮族自治区的传统工艺具有悠久的历史，民族生活的手工艺以种类多、特色鲜明、艺术欣赏性高等为特点。国家也对广西传统工艺行业给予高度重视，并将壮锦、银饰服饰、坭兴陶等为代表的广西传统手工技艺项目确定为国家级非物质文化遗产。随着市场经济的不断发展，传统工艺美术产业在发展中遇到了瓶颈，表现在传统工艺发展缺乏一定的创新和工艺人才的缺失。

（2）名师传承与现代学徒制模式结合的培养方法。

第一，教学模式的构建。在名师传承与现代学徒制结合的模式中，十分重视教学模式的构建。

一是开发特色教材。针对广西工艺的关键性技术，结合现代工艺发展趋势，编写了工艺创作教材，重点讲解了刺绣、雕刻等的历史起源，帮助学生了解自己所学的专业。同时详细介绍了工艺流程，对工艺创作进行模块化教学，让学生深入掌握工艺创作的方法，为规范化的传统艺术教学提供了系统化的依据。

二是师资队伍建设。以名师工作室牵头，组建实训工坊、工艺作品展示厅、民间工艺研究院等，努力建设了产学研一体化的人才培养基地。

三是校企合作共同开发课程。聘请企业专家参与课程的开发，将他们的工作经验知识融入职业教育课程。企业专家为学校专业教师提供咨询的作用主要体现在：他们知晓工艺美术岗位要求和必备的职业技能，能为岗位需要等细节问题提供咨询帮助。将行业人士和企业专家引入职业教育课程开发中，能够充分发挥其在第一线的优势。课程开发内容与企业需求接轨，符合企业发展需要，根据最新的岗位技术标准和企业技术要求，参照相关的职业资格认证标准，及时制订、更新课程计划，这样的职业教育课程不仅有利于学生综合职业能力的提高，而且为学生可持续发展奠定了良好基础。

第二，实践模式的构建。教学的目的是更好地实践，专业和企业加强合作，与工艺美术生产企业签订了校企深度合作协议，采取订单制合作模式，共同培养技术技能人才。根据实践模式的相关需求，为学生提供就业的平台，通过传授电子商务、网络营销知识，指导学生创业、就业，拓展民间工艺品市场，促进产业发展，服务地方经济。提高职业能力和职业素质，不断地接受新知识、新技术、新工艺、新材料、新设备、新标准，并在教学中及时地运用新技术、新材料、新设备等，打造高端手工艺产品，提高工艺美术产品的附加值。以名师工作室为平台，培养高技能工艺美术专业人才，为振兴手工艺产业提供智力支持，经过不断地探索与发展，形成了现代学徒制人才培养模式，是民间工艺美术专业人才培养的典型案例，具有推广价值。

4. 名师工作室建设成效

在名师工作室的引领下，完善了课程体系的建设，优化了教学内容。进入名师工作室学习的学生在主观感知、艺术感和实际操作等方面，都明显优于其他学生。建设名师工作室还有利于优秀手工艺技能的传承和发扬，有利于高技能综合型人才的培养和发掘。技能传承效果明显，既能有效促进技能名师人才队伍建设，又能促进技能人才的成长培养。

5. 结语

名师工作室让课程变得更加完善，让学生有明确的学习方向及目标。对企业而言，通过名师工作室培养出来的学生能够更加迅速地适应市场，加强了学生的实践能力，提升了学生的职业素养，为学生提供了更加广阔的就业渠道。以名师工作室为纽带，规划建设特色实训基地，整合共享了优质的教学资源。

广告设计与制作专业师资队伍及名师工作室建设研究

一、广告设计与制作专业师资队伍建设研究

广告设计与制作专业在我校具有较高的办学水平和较好的办学效果，且在行业内具有一定的影响力。许多职业院校不断对品牌专业的师资队伍建设进行深入研究，努力达到教学改革的目标。

1. 研究的目的和意义

根据教育部中等职业学校专业人才培养规划，广告设计与制作专业培养具有创新能力的应用型人才，其教学质量和专业发展与教师的素质和水平息息相关。为了提高我国职业教育师资队伍水平，教育部在"十三五"规划中强调：优化教师队伍结构，加强师资队伍建设，促进教师队伍整体素质不断提高，完善教师管理制度，以"四有"标准打造数量充足、师德高尚、理念先进、业务精湛、专兼结合的高水平"双师型"教师队伍。

2. 我国广告设计与制作专业师资队伍现状分析

（1）广告产业发展趋势与学生就业市场需求的分析。当前，在互联网+时代的背景下，广告产业已经从传统的纸质媒体转变为多维的呈现形式，成为一种新的媒体。广告信息的推送方式在技术创新与应用的驱动下，全方面服务于人类生活，并且渗透到各个领域，更深层次地影响着经济和社会的发展，为我国经济结构的调整和产业的转型升级提供了新的机

遇。当下互联网经济已成为引领消费、提振经济发展的新引擎。

在就业市场需求中，人才的需求随着时代的变化而改变，互联网+时代的到来，消费者的消费和支付习惯已经发生变化，新媒体动态内容的出现，在广告设计中添加许多元素（包括界面设计，用户使用习惯等内容），已经不仅仅是传统平面设计领域的知识与技能，而是艺术与技术的融合，所以就业市场对广告设计从业人员提出了更高的要求。

（2）广告设计与制作专业师资队伍建设中改革的必要性分析。在新媒体时代的背景下，对人才的需求变化，直接影响了学生就业情况，行业对就业人才技能、质量、要求提高的需求，对专业师资队伍教学水平和教学内容提出了新的要求。教师对学生注重多学科的培养，比如就业人员具备影视动画等技能，还需要新媒体的应用技能，如抖音、快手等新媒体APP的应用等，这些都是市场需求迫使专业教师从市场需求入手，更新课程设置和教学内容，不断学习，从认知和观念上有所改变。

2019年，广西理工职业技术学校建筑装饰专业申报成为品牌专业，专业群之一的广告设计与制作专业，有必要打造一支了解市场变化与行业发展趋势、专业技能水平能适应市场需求、教学水平一流的专业教师队伍，提升专业软实力，在同专业中起到示范作用。专业骨干教师在行业、企业及社会专业组织中能够担任职务和技术专家，在社会服务中具有一定的影响力。

3. 我校广告设计与制作专业师资队伍现状分析

（1）专业师资队伍优势。广西理工职业技术学校广告设计与制作专业创立于2006年，经过十几年的发展，专业教学团队建设取得了不错的成绩，在指导学生参加的全区技能比赛中屡获佳绩。从2018年自治区技能比赛设立计算机平面设计比赛项目以来，2018年获得区级一等奖1项、三等奖1项，2019年获得一等奖3项、二等奖1项。在历年的广西职业院校信息化教学能力比赛中，获得区级二等奖3项、三等奖2项。在教学团队建设上不断强化"现代师徒制"的教学理念，强调教师应该就是"比赛教练""行业师傅""行业高手"等意识，加大"双师"素质教师培养的力度。通过校企合作，实现在教学上、课堂上的对接，实施教学项目接轨，以锻炼专职教师的实践能力，提升专业技能水平，同时利用行业、企业的资源，聘请高水平专家、设计师等担任兼职教师，参与到教学任务当中，共同进行课程开发，共同制订专业人才培养方案及年度教学计划。

（2）广告设计与制作专业师资队伍发展的难点与不足。

第一，课程体系落后，师资力量不足。新媒体时代如何让教师对新技术的认识与理念再造，帮助专业教师更新知识、技能技术适应产业变革的发展。现有教学团队的专业背景为：设计学专业5人，工艺美术专业1人，版画专业1人，师范专业1人。专业教师们在21世纪初完成大学专业学习，而新时代对传统广告产业的技术革新发生是近5年的事，呈现出各学科跨界融合发展趋势以及信息媒体技术应用的学科特征，而现有专业教学团队的教育理念与思想来源于传统设计与广告思维，基本功较为扎实，但是缺乏对新媒介与信息媒体技术的认识与理解，师资构成难以适应变革下产业的知识与技能需求。

第二，新媒体时代背景下教学方式和内容的变革与应对。信息移动技术改变了人们的生活方式与学习方式，当前互联网、大数据、云服务、移动技术、信息化教育资源等成为教育改革的热点名词，借助网络信息平台开放性的传播优势，打破了以往范围小、定时、定点的教育模式，突破了传统课堂和学校的时空限制，移动学习使学生可以通过手机APP平台获取优质教学资源，可以利用零碎时间丰富设计学习，是对传统集中教学的有益补充，"翻转课堂"对传统集中于课堂与实践场域的教学方式做出了有力的补充与改革。因此，师资队伍建设发展的一个重要的改革方向是：强化教师的教学技能要逐渐发展并且具备熟练使用各种手机APP媒介与工具，能够组织并且实施相关教学、制作或整合各类信息化教学资源的能力。

第三，广告设计与制作专业对师资队伍的要求。通过上述分析可知，当前广告设计与制作专业在师资队伍建设上积累了一定的发展基础。新媒体时代的到来，对广告产业产生了深刻影响。作为广告设计与制作专业的教师，必须准确地洞察与分析行业发展的趋势，对未来人才就业岗位技能需求进行预测，思考在新媒体条件下广告设计与制作专业教学中改革的问题，提出在教学中全面以互联网信息化新媒体为基础的新课程，着力培养学生在新媒介环境下的广告设计思维与职业技能。师资队伍建设历来是专业建设、人才培养工作的关键，优秀的师资队伍是评定教学服务质量的重要基础。

4. 广告设计与制作专业师资队伍建设的对策与思考

第一，提升教师自身能力和素质。利用教育系统组织的信息化教学培训机会，提升现有师资队伍的专业素质。广告设计与制作专业教学团队先后组织教师参加广西中小学信息技术应用能力提升工程第一、二期的培训，并且大力支持教师团队参加广西职业院校各类教学能力、技能比赛项目，多次组织信息化教学名师与专家到校进行培训指导。在校内、系内组织教学团队集中讨论信息化教学的学习心得和总结。

培训中强调，将教师的专业教学内容包括设计教学、课堂实训和社会服务能力作为提升目标，通过培训逐步提升师资队伍的网络与新媒体技能，以应对新形势下专业教学和职业发展的需求。针对校企合作中的兼职教师，进行课前教学能力培训，提高他们的教育教学能力。采用专职教师下企业实践兼职锻炼、研修、开设校内工作室项目为企业提供设计服务等方法，丰富专职教师的工作经历，提升教师的教学技能和水平。

在提高教师队伍专业技术能力的同时，要不断强化教师在师德方面的修养，必须遵守行业、企业的职业道德规范，要有与职业相关的道德观念、操守与品质，严格要求自己，真正做到"学高为师，身正为范"。

第二，多出去培训与交流。深度开展教师下企业实践轮训活动，提升教师的专业技术素质，参加行业（包括国际上的）举办的设计大赛，参加专业讲座，学习和了解高水平专业团队的优秀教学成果，有条件的情况下，到国内外相关高水平院校考察学习取经。让教师了解新媒体设计传播的前沿技术和理念，及时更新教育观念，更新专业知识和技能，与行业趋势同步发展，提高业务能力。聘请行业内的专家和技术能手来学校讲学，设立专业设计工作室或校企合作社，通过各种实战的广告设计项目传播前沿技术与理念。

第三，与行业、企业专家共同制订人才培养方案。在合作中向专家学习，努力培养校内名师、校外专家的"双师型"高水平师资队伍。通过深度开展校企合作、协同育人，将行业专家请进来，召开专业发展指导会议，落实"七个共同"（共同研究专业设置、共同设计人才培养方案、共同开发课程、共同开发教材、共同组建教学团队、共同建设实习实训平台、共同制定人才培养质量标准），把企业需求融入人才培养的各个环节。在合作中向专家学习新技术、新理念、新成果，在产教融合、校企合作、工学结合、知行合一、协同育人机制和创新人才培养模式方面取得突破，对社会服务产生一定的影响力。

第四，与院校、专业、企业协同发展。优化教师队伍结构，激励教师队伍的良性发展。与其他院校协同发展，加强院校之间的合作，取长补短。跨专业之间的合作，加强计算机网络、多媒体制作、商业营销等非艺术类专业之间的教学合作，共同开发相关课程和制订教学计划。加强专业教师的社会服务能力。加强与企事业单位的协同合作，在条件允许的情况下，积极引进行业专家到校内讲课。与行业专家共同创造出有影响力的设计专案与项目，使广告设计与制作专业的教学团队在创新能力和社会服务能力上有全面的提升。

5. 结语

根据《自治区教育厅关于实施广西中等职业学校品牌专业建设计划的通知》《广西中等职业学校品牌专业建设实施方案》当中所提到的，加强中职学校内涵建设，强化专业教师队伍的师资建设，广西理工职业技术学校广告设计与制作专业教师队伍在努力培养一批教坛新秀、教学能手、专业带头人和名师的同时，探索一条能够激励教师积极向上、不断学习的"双师型"教师队伍的建设机制道路，充分发挥在品牌专业群中的示范、辐射和带动作用。

二、广告设计与制作专业名师工作室建设的研究

为解决中等职业学校广告设计与制作专业学生在专业学习中存在的脱离实际、校企合作不够紧密及高技能"双师型"特色教师紧缺的现状，广西理工职业技术学校通过摸索、研究、实践，形成了"以名师引领，产教

融合、服务社会"的技能名师工作室的建设模式。以技能名师工作室为载体，提升教师团队的技能，解决课程与社会脱节等问题，将技能名师工作室设置成高技能型特色教师的孵化器。

1. 目的意义

"技能名师工作室"作为一种校企合作、对接产业的新型技术研究组织，无疑是促进和造就名师的重要方式。明确发展目标，促进名师工作室持续健康发展。

2. 我国广告设计与制作专业名师工作室现状

（1）职业学校技能名师工作室设立的目的。

第一，打破传统教学模式，为市场提供技能精英。现代学徒制讲求工学结合，广告设计与制作专业名师工作室的建立能更进一步诠释工学结合的定义。在传统的教学模式中，教师与学生只能在教室中进行学习，老师按教学大纲进行授课，教授的内容与市场要求存在很大差距。而在普通的工学结合等模式中，教师的授课也仅仅是引入市场项目让学生进行模拟练习。在整个学习、练习过程中，学生还是处于市场想象阶段，不能真正接触市场，得到的反馈也仅限于教师的评价，无法真正了解市场需要什么，以及如何面对客户。名师工作室的建立能够让教师把学生真正带入市场项目中，在项目中学习，在学习中参与项目的发展，使学生能明确学习目标，调动学习积极性，而老师也能够及时了解市场动向，调整教学方案，明确市场对中职学校广告设计与制作专业的人才需求，从而有针对性地培养市场精英。

第二，突破校企合作面临的困难。与企业建立合作关系是每个职业院校必不可少的教学手段之一，但学校一些政策性问题及企业本身的条件限制致使校企合作无法更深入。企业无法长期派遣设计师进入学校教学，而学校依托教学大纲也无法让学生真正进入企业学习。在校企合作中，最常见的情况是老师带队到企业参观或小部分学生到企业进行认知实习。名师工作室的建立能够让教师团队更加紧密地对接企业，名师带入企业，带动项目发展，推动学生学习。

第三，培养特色教师。很多年轻教师毕业后直接进校教学，缺少实践经验，个人特色不明显。名师工作室的建立能够帮助年轻教师提升职业技能，培养特色教师，学校与企业资源共享，人才共育，共同开发研究项目，扩大学校对社会服务的影响力。把名师工作室建设成骨干教师的孵化基地，让老师们享用丰富的教学资源，培养职业技能。

（2）技能名师工作室与传统师傅带徒弟的教学模式的区别。在传统的师徒教学模式中，通常是一个师傅带几个徒弟，师徒之间是相对独立的，形式比较单一，没有形成团队。每位师傅的技术差异性导致了教授出来的徒弟有一定的局限性。在学习的过程中，大部分徒弟仅与师傅交流，得到的反馈也是单一的。在名师工作室中，以本专业的领军人物为主导，带领团队成员共同学习、作业，所有成员是一个整体，可以有计划、有目的地开展交流、创新活动，能够形成有效的互促机制，更好地推动团队建设发展，并使个人能力得到提升。在教学评价上，传统的师徒制与名师工作室对学生的考核与评价方法有很大的区别，师徒制的考核与评价往往是比较单一的，不管是教师评价还是学生互评，都还停留在模拟的阶段；而名师工作室对学生学习效果的评价比较多元化，可以是市场团队之间的评价，也可以是客户、老板的评价。

3. 广告设计与制作专业名师工作室建设的主要做法

（1）明确中职学校广告设计与制作专业培养人才方向。职业学校以培养应用型人才为主要方向，特别是中职阶段。由于学生的年龄、文化程度、眼界等因素，无法要求中职学校广告设计与制作专业的学生像高职或高等院校的学生那样具有灵活的头脑、开拓创新的思维及较高的审美水平，因此在名师工作室的项目学习中，团队老师可以通过具体的项目让学生了解自身的不足及优势。对学生进行岗前培训，把不同特长的学生安排到广告设计与制作的不同环节中，例如：组织能力较强的学生可以进入策划或管理组，思维活跃、熟悉软件的学生可进入设计组，制作安装环节则需要能够吃苦耐劳、做事稳健的学生。通过不同方向的人才培养方式让学生明确今后的就业方向，避免好高骛远，能够脚踏实地地学习工作。由此可见，学生在名师工作室的学习和工作中，教师就是学生与社会的桥梁，学生通过名师工作室了解社会，除了学习专业技能，还能提升综合素质。

（2）凸显社会服务性。第一，名师工作室的职责之一就是提升产教融合度，通过引入名师工作室或教师团队走进社会，根据广西区域文化特点及发展趋势，形成一套据有本土特色的教学方案，在教学中传承民族文化，推广本土特色，并提升本土特色对外界的影响力。

第二，名师工作室可为兄弟学校提供技术支持，提升教师技术技能水平；开发教学培训基地，引入政策支持，为行业培养人才；支持政府扶贫助农工作，为就业人群提供培训，从而达到延伸社会服务功能的目的。

（3）团队创新，提升科研水平。在名师工作室中建立创新创业团队，除了进行课题研究、教学培训研发，还可以有针对性地融入创新创业内容，带领学生参加各项比赛，以竞赛检验科研效果，同时激发学生的创业热情。

4. 广告设计与制作专业名师工作室建设成效

（1）引领技能竞赛。名师工作室为完善传统教学的课程体系建设，以及优化教学内容、教学方式提供了很大帮助。

在中等职业学校每年举办的职业技能大赛中，我们能明显地发现，进入名师工作室学习过的参赛选手在对设计的感知、创意和实际操作运用中都明显优于其他选手，所取得的成绩也令人满意。例如：选手毕文婷（2018 年全区中等职业学校技能大赛广告设计项目一等奖）、谢宝燕（2019 年全区中等职业学校技能大赛广告设计项目一等奖，成绩排名全区前三）两位同学都曾在名师工作室学习。

（2）提高学生实践能力。我校 2018 级学生毕文婷在实习期间曾到深圳市和谐包装设计有限公司进行为期一年的实习，实习期间获得企业领导的一致好评。2019 级学生谢宝燕在校学习时期也曾到南宁蜀绣文化传播有限公司兼职。

5. 结语

广告设计与制作专业名师工作室的建立能让专业课程更加专业化，考核体系也能够让学生有明确的学习方向及目标。名师工作室的建设不仅能够提升教师整体服务水平，而且可以切实加强学生的实践能力，提升学生的职业素养，为学生提供更加广阔的就业渠道。

服装设计与制作专业师资队伍及名师工作室建设研究

一、服装设计与制作专业师资队伍建设研究

服装设计与制作专业在我校具有较高的办学水平和较好的办学效果，且在行业内具有一定的影响力。如今的职业院校竞争激烈，有不少职业院校加强专业师资队伍建设的研究和探索，并通过创新，达到提高教学质量和完成教学改革的目的。

1. 研究的目的和意义

根据教育部中等职业学校专业人才培养规划，服装设计与制作专业培养具有创新能力的应用型人才，其教学质量和专业发展与教师的素质和水平息息相关，为了提高我国职业教育师资队伍水平，教育部在"十三五"规划中强调：优化教师队伍结构，加强师资队伍建设，促进教师队伍整体素质不断提高，完善教师管理制度，以"四有"标准打造数量充足、师德高尚、理念先进、业务精湛、专兼结合的高水平"双师型"教师队伍。

2. 我国服装设计与制作专业师资队伍现状分析

（1）发展趋势与学生就业市场需求的分析。当前，在互联网经济的影响下，原有的商业模式已经发生改变，产业的结构也发生了根本性的变化。互联网的引入对地区经济中的产业产生了极大的影响，在我国主要以服装纺织加工行业为产业的地区，服装纺织加工行业已经由地区的支柱产

业，转变为互联网经济下的产业支柱，其运营模式也发生了改变。支柱产业是指在国民经济体系中，具有重大战略作用，并且起着支撑作用的产业或产业群。目前，服装产业已经不能完全带动某一地区的经济发展，而需要依托互联网改变原有的商业模式。

电商平台的广泛运用，对服装行业的冲击不可估量。各种数字软件应运而生，从服装设计、生产到销售的全过程，由于互联网+时代的到来，就业市场对人才的需求也随之改变，在服装生产和销售中添加许多元素（包括设计、制版、销售渠道等内容），已经不仅仅是传统服装制作领域的知识与技能所能驾驭的，它是艺术与技术的融合。因此，就业市场对服装行业从业人员提出了更高的要求，急切需要懂新数据、新软件的人才。

（2）师资队伍建设中改革的必要性分析。如今科技飞速发展，在全面发展互联网及虚拟科技的背景下，服装及相关行业对人才的需求在不断发生变化。行业对人才综合素质的要求提高，对专业师资团队在教学水平和内容上提出了新的要求。教师要更加注重学生的多方位培养以及新技能和综合素质的提升。比如，相较于传统的服装行业一线人员来说，现在的学生除了基本的服装制作技能，还具备 CAD、CDR、PS、网店设计与运作等数字化技能，手机新媒体的应用技能将成为有力的"加分"项，如某些新媒体 APP 应用等。在行业的需求下，教师应从个人对专业的传统认知和观念上有所改变，从而更新课程的设置和内容，不断创新，持续进步。

3. 我校服装设计与制作专业师资队伍现状

随着我校建筑装饰专业成功申报为品牌专业，作为其专业群之一的服装设计与制作专业，其专业师资队伍也与时俱进，了解市场变化与行业需求，专业技能和水平能适应行业需求的变化，专业骨干教师在相关的组织中能够担任技术职务，并具有一定的影响力。

另外，我校实行以企业生产实践为平台，实现了"学校企业化、工厂化，车间产业化"，集教学、培训、研究、生产、销售、展示于一体，形成了具有完整生产流程的"准企业"人才培养架构。在校内建立了服装设计工作室、服装制作样板设计工作室等，引进企业人才作为兼职教师或指导老师，为教学制订更符合行业需求的计划。

4. 服装设计与制作专业对师资队伍建设的对策与思考

教师队伍专业能力与师德修养等方面的提高是首要任务。服装设计与制作专业师资队伍建设已经有了一定的基础，但面对时代的不断发展，服装行业也在不断发生变化。因此，作为专业教师，必须了解行业的发展，能准确洞察、分析发展的趋势，并对行业的人才需求和技能需求进行预测，在教学中制订新时代行业需求的新计划。企业化人才模式在服装实训基地教学中的应用，就是依靠专业、课程、教师、学生、教学、实训等各种因素的相互作用，对中职学校服装设计与制作专业人才培养过程进行调节、监督、评价和保障，以保证中职学校目标和任务真正实现。

（1）服装设计与制作专业师资队伍发展的难点。

第一，旧的课程设置与教学内容下教师的观念与能力提升，个人专业技术的改进。

现有专业教学团队的专业背景为：服装设计与工程专业 1 人，服装设计与制作专业 1 人，服装设计与工艺专业 2 人，服装模特与表演专业 1 人，有学科跨界融合发展的趋势和服装工艺制作的特征。而现有专业教学团队的教育理念与思想来源于传统设计与服装思维，工艺设计基本功较为扎实，但是缺乏对新款式设计、打样、裁剪、缝制到成衣过程中新款式和新技术的认识与理解，师资构成难以适应当前变革下产业的知识与技能需求。

第二，以企业为背景的新时代教学方式和内容的变革与应对。企业化人才培养模式的实训教学，是决定毕业生能否快速适应并融入行业的重要一环。专业教学团队也应与行业、企业有着密切的联系，如引进行业、企业人才成为师资队伍的一员，选派教师定期到企业参与实践、学习提高，只有了解行业的动态，才能更好地制订相关的教学计划。先完善了专业师资队伍，才能完善人才培养架构的形成。

（2）服装设计与制作专业师资队伍建设的对策与思考。

第一，专业带头人和骨干教师培养。以 1 名专业带头人为核心，培养 2 名骨干教师，支持参与省级课程改革教材编写，并作为教改课题的参与人；参加各级教学研究课题开发与设计工作，参与制作示范性教学电子课件，充实专业教学资料库；通过到企业挂职锻炼以及参与产教学研合作等多种渠道培养提高业务水平，发挥其教科研骨干作用，组织引领课程建设。

第二，创新团队建设项目。通过横向合作项目扩大与企业的合作力度，明确相关教师专业方向定向培养，组建 2 个为区域经济服务的创新团队。

第三，教科研建设项目。积极创造条件申报研究课题，承担省（市）级课题 3 项并结题。参加各类技能比赛项目，多次获得佳绩，利用各种资源组织信息化教学，组织专家到校进行培训指导等，积极组织专业教学团队总结学习心得。

（3）与学校、专业、企业协同发展。互相交流和参观学习，总结各自的长处与不足，与其他学校协同发展，加强院校之间的合作；与其他专业之间也应多多沟通、时时交流，特别是建筑装饰品牌专业群中的其他专业，分享心得，合理利用共享资源，相互提升；加强与企业之间的协同合作，积极引进行业内的相关人才到学校授课或讲座，并与行业内的企业人员共同制订有针对性、有目的性的人才培养计划，全面提高服装设计与制作专业团队的创新能力和社会服务能力。

二、服装设计与制作专业名师工作室建设的研究

1. 目的意义

近年来，随着国民经济的迅猛发展和科技的进步，服装行业也迅速发展。国家重视民族技艺的传承，更加重视人才的培养，随着社会对人才需求的增加，国家把加快培养高技能人才放在了更加重要的位置，被视为国家人才战略工程之一。全面建设对培养高技能人才起到引领及示范作用的技能名师工作室，是落实人才培养的重要举措。

技能名师工作室将技术的传承和创新、新技术的研发和推广与技能人才培养密切联系起来，更好地发挥技能名师的优势，进一步加快技能人才数量的增加和质量的提高。搭建交流研修技术的平台，更好地发挥技能名师工作室在培养技能人才方面的优势。因此，技能名师工作室的建设是人

力资源能力建设与开发的重要内容，特别是高技能人才培养的重要途径和模式。技能名师工作室的建设，起到引领和导向作用。

2. 我国服装设计与制作专业名师工作室现状

随着科技的迅速发展和经济的全球化，人们的思想发生了很大的改变，国外工作室的专业性和时尚的引导力一直影响着行业和市场。技能名师工作室的概念已有几年了，随着我国的技能名师工作室纷纷成立，目前，国内服装设计与制作专业名师工作室主要有以下几类组成模式：一类是民族服饰和民族文化技艺传承人组成的设计团队，这类大大小小的设计工作室最大的优势是他们的民族服饰文化特色和民族技艺，缺点是无法将设计作品商品化。二类是由在企业有多年服装设计经验的设计师创立的设计工作室，他们拥有上游的原材料供应商和各种工艺协作单位的优势资源，熟悉企业的商品开发流程，对企业的整体运作有一定的了解。在发挥设计人员才能的基础上，通过营销人员的商业化运作，在企业市场的基础上，为企业提供全方位的设计开发服务，其服务项目涵盖了商品规划、市场分析、商品设计、样衣制作、设计思路解析、客户及员工商品培训、销售信息反馈与商品二次开发的结合等。三类是中职学校名师成立的名师工作室，缺点是资金投入紧缺，激励政策有待完善，对内搭建工作室团队与校内专任教师的交流平台，对外搭建院校之间、校企之间的交流平台，充分发挥名师工作室的科研功能有待进一步提升。

3. 服装设计与制作专业名师工作室建设的主要做法

我们一直在探索新的教学模式，希望采取一些更富有创造性的措施，加强自身的竞争力，摆脱单纯的人才制造机制。服装设计与制作专业名师工作室建设是一种新型教学模式的探索。服装院校大都建立了具有自己特色的服装设计与制作专业名师工作室，根据院校自身的特点制定了相应的运作模式，用于扩展教学方式、增加社会影响力以及搭建院校之间、校企之间的交流平台。对名师工作室的建设有以下几点建议：

第一，名师工作室应每年制订工作计划，确定课题研修方向和方案，确立具体要解决的技术难题，以及相应的解决措施；培训高技能人员的时间、内容和实施方案，并进行工作总结。

第二，名师工作室应积建设院校与院校之间、院校与企业之间的交流平台，积极开展技术改造和创新项目，开发具有特色的培训教材，制订针对相应人员的培训方案。

第三，名师工作室应积极为区域内的企业提供技术革新和技术改造，利用所掌握的专业技术转化为科研成果，开发研制有价值的创新作品；对技术难题进行技术会诊，为企业提出改进意见和措施，提高生产效率。

第四，名师工作室应每年定期召开工作室计划会议，讨论本年度工作室计划，计划科研工作方向，定期举行工作室成果交流会。

第五，名师工作室经费主要用于课程培训、课题研究、鉴定评价、外出学习、购买资料等。

第六，名师工作室成员必须坚持参加各类研究活动，无故两次缺席者或连续两次不能完成任务者，视为自动放弃成员资格。

4. 服装设计与制作专业名师工作室建设成效

服装设计与制作专业名师工作室于2016年5月建成，为服装设计与制作专业创新了教学模式，承担起技能人才培养、技术攻关、成果转化的重任，在课改、科研等方面进行立项，充分发挥了名师工作室在创新成果、创新工艺技术、新产品试制研发等各个方面的核心带头作用，起到了以点带线、以线带面的能动效应。同时，名师工作室的成立也起到了"传帮带"作用，为学校、企业技能人才的培养和技术创新提供了一个技术交流平台，不断提高了技术人员和技术骨干的学习能力、创造能力和实战力。

技能名师工作室的建设有利于利用一切可以利用的资源，有利于充分调动技能名师的积极性。搭建高技能人才交流与研修平台，使名师们的绝招绝活能传承和发扬光大，更有利于形成高技能人才辈出的新局面。技能传承效果明显，为重点行业和特色行业提供有力支撑，有效促进技能人才队伍建设，促进技能人才成长培养和社会文化传播。

第七章

广西职业教育建筑装饰专业群实训基地建设研究

建筑装饰专业群实训基地是实现理论结合实践教学的有效途径，也是提升学生实践能力的演练场所，能有效解决职业教育与企业工作脱轨的问题，形成强大的教育合力，在企业和学校的双向动力下，提升建筑装饰专业群学生的能力。实训基地的建设需要调查建筑装饰专业群实训基地建设的现状，揭示建筑装饰专业群实训基地存在的问题，分析原因，构建科学的建设思路和方案，总结提炼建筑装饰专业实训基地建设对策，结合教育改革和社会发展，转变思维模式，凸显建筑装饰专业群的时代性和市场性，围绕多层次、多方面、多内容，与"1+X"证书制度衔接，与课程衔接，与企业衔接，与就业市场衔接，拓宽合作渠道，形成多方合作，进行深度产教融合，让建筑装饰专业群实训基地的质量和规模都有所提升，形成集实践教学、社会培训、技能鉴定和技术研发为一体的多功能实训基地。

01 建筑装饰专业实训基地建设研究

一、目的意义

现代教育对人才培养的要求越来越高，而建筑装饰专业实训基地的建设符合现代学校对人才培养的要求。建筑装饰专业是一个实践性非常强的专业，现代社会对人才的实践能力越来越重视。在这样的时代背景下，学校培养人才也应该注重人才实践能力的培养，为社会输送高素质的人才，适应社会的需求。单纯的课程理论教学已经不适应时代的发展，学校应该采取各种有效措施来增强教学的实践性，建设实训基地是开展实践教学的重要途径之一。通过实践，学生才能掌握可以适应社会需求的技能和本领。

实践学习也是学生深化理论知识的重要途径。学校建设建筑装饰专业实训基地，为学生提供良好的环境来进行实践和学习；提供完整的教学设施，让学生在独立的实践空间内提升自身的职业能力，为以后的就业做准备。近年来，学校之间面临着越来越激烈的竞争，人才的培养效果可以体现学校的发展实力和核心竞争力。建设实训基地不仅能够满足学校的发展需求，同时还能够体现学校的专业化管理程度，以此来提升学校的竞争软实力。因此，建筑装饰专业实训基地的建设管理对学生和学校来说都具有重要的作用和意义。

二、国内建筑装饰专业实训基地现状分析

我国建筑装饰专业实训基地不够完善，目前只有基础实训室，如素描实训室、构成实训室。针对就业岗位和课程内容导向模式而设的实训室少之又少。建筑装饰专业创新性实训基地的建设分为校内实训基地和校外实训基地两种，校内实训基地并非建几个制图室、画室、电脑机房的硬件设施就能满足教学及实训要求，而是要形成教学体系。

三、我校建筑装饰专业实训基地现状

1. 建筑装饰专业发展前景

2016年中国建筑装饰行业总产值达到3.66万亿元，其中，家装行业产值为1.78万亿元，公装行业产值为1.88万亿元。2017年中国建筑装饰行业总产值达到了3.92万亿元，同比增长7.1%。2017年中国以装配式建筑685亿美元左右的市场规模占比35.1%。未来五年（2022~2026年）年均复合增长率约为30.25%，2022年将达到2 602亿美元。不可逆转的城市化进程为中国建筑装饰行业创造了持续的、巨大的市场需求，支撑着建筑装饰行业的持续高速发展。

2016年9月，国务院发布《推动1亿非户籍人口在城市落户方案》提出："加快实施户籍人口城镇化率，到2020年实现1亿非户籍人口在城市落户目标，同时，全国户籍人口城镇化率提高到45%。"城镇化过程中的人口转移将带来大量住房需求，假设人均住房面积为30平方米，那么人口转移将带来的住房需求量为30亿平方米。而近年来，中国城镇化率每年提高近1.3%，每年新增城镇人口1 800万，直接拉动住房需求量在7亿平方米以上。此外，除了人口转移带来的增量，城市群发展作为推动未来中国新型城镇化的主体，相配套的生活、交通、商业等基础设施和空间的建设需求广阔，也必将为建筑装饰行业市场带来巨大的活力。

2. 建筑装饰专业实训基地建设存在的问题

我校建筑装饰专业实训基地在管理和建设上存在一定的问题。从管理上来说，实训基地缺乏有效的管理制度，缺乏专业的管理人员。实训基地

的管理者大多不是管理专业出身，其管理水平和管理理念比较落后，导致实训基地整体管理水平低下。建筑装饰专业的学生比较多，一些学生在使用实训室的设备和工具时没有做到爱惜物品，用完之后没有及时归位，导致工具设备的丢失、损坏。另外，设备利用率不高，设备的维护和工具的管理存在漏洞。再者，教育教学体系设置不完善，在实训课程安排和设置上缺乏一定的教育引导，无法进行工学结合。

四、建筑装饰专业实训基地建设对策

1. 以科学发展观为指导促进实训基地建设

建筑装饰专业要做好实训基地的建设管理工作，就一定要结合教育改革的发展需求，转变思维模式，对现有的管理模式进行突破和创新。建筑装饰专业具有较强的时代性和市场性，因此要以时代和市场对人才的需求作为指导来建设和管理实训基地，真正发挥实训基地的作用。另外，建筑装饰专业在建设管理实训基地时，要结合社会发展的实际和建筑装饰专业的未来发展趋势，凸显建筑装饰专业的特色，与时代接轨，提升学生的就业竞争力。

2. 深化校企合作，加大实训基地投入力度

建筑装饰专业实训基地面向学校和企业，在建设上应该考虑到多方的建议，积极地寻求更大的合作。努力完善实训基地的功能，让建筑装饰专业的实训基地在质量和规模上都有所提升，形成强大的教育合力，满足学校学生和企业的发展。在实训基地的建设上，应该和企业深入合作。充分了解建筑装饰行业的工作环境，实现和企业的对接。在企业的资金和技术的支持下，实现实训基地的建设。建筑装饰专业的更新速度非常快，在实训基地的建设和管理上一定要站位高，密切联系市场的发展需求，以创新和行动推动企业发展。在实训基地的建设上还应该细化其功能性，重视新的教育理念和实践内容，带领学生接触到最前沿的技术。在企业和学校教育的双向动力下，提升建筑装饰专业学生的能力。

3. 设立标准，完善运行机制管理

建筑装饰专业实训基地的管理应该适应市场发展的需求，以市场为导

向指导艺术设计的实训基地管理。积极鼓励学生创新，为学生艺术设计的创新提供良好的氛围和环境。健全和完善配套设施，鼓励学生在实训基地进行创新创业。加强对实训基地的管理，建立完善的管理机制：设置相应的职能部门和管理机构，严格执行上下班的制度；明确管理人员的职责，建立校级监督监管机构；加强对实训基地管理的监督，以此来提升实训基地的建设管理水平。

五、结语

建筑装饰专业实训基地的建设管理是实现理论结合实践教学的有效途径，也是提升学生实践能力的重要保障。结合教育改革发展和社会发展需要来转变实训基地建设管理的思维模式，凸显建筑装饰专业的时代性和市场性。同时要丰富实训基地建设的内容，从多层次、多方面来建设实训基地，满足社会对人才的发展需求。此外，还要拓宽合作渠道，扩大实训基地建设规模，形成多方合作，不断完善建筑装饰专业实训基地的发展。

工艺美术专业实训基地建设研究

一、建设背景

根据《国务院关于大力发展职业教育的决定》要求，要"把学生的职业道德、职业能力和就业率作为考核职业院校教育教学工作的重要指标。逐步建立有别于普通教育的，具有职业教育特点的人才培养、选拔与评价的标准和制度"。"加强职业院校学生实践能力和职业技能的培养，高度重视实践和实训环节教学，继续实施职业教育实训基地建设计划，进一步推进学生获取职业资格证书工作。"

专业需求优势：随着人们生活质量的提高，人们对商品的造型、包装、色彩有了更高的审美要求，对家居的环境、装修、装饰、家具有了更高品位的追求。随着我国经济的不断发展，广告业、印刷业迅速发展，影视、游戏、动漫等娱乐行业的发展也呈强劲势头，所以国内对美术设计人才需求很大。人们生活水平不断提高，对美术各类人才的需求量日益加大，通过毕业生就业情况分析，我校毕业生完全可以在本省找到就业市场。

二、国内工艺美术专业实训基地现状分析

我国工艺美术专业实训基地不够完善，其原因一方面，受国内外经济

发展的影响，工艺品市场供给需求导向所致；另一方面，学习内容偏重于知识理论，只有基础实训室，如素描实训室、构成实训室，而针对就业岗位和课程内容导向模式而设的实训室少之又少。

三、我校工艺美术专业实训基地现状

1. 工艺美术专业发展现状

（1）办学历史悠久。本校工艺美术专业创建于 2003 年，至今已有 17 年的办学历史。17 年来，本专业为社会培养了数万名中等职业美术人才，已经形成了一个较为完整的专业设置体系，积累了丰富的办学经验。

（2）办学成绩突出。学生技能竞赛成绩突出，获得省级技能竞赛美术类第一名、团体总分第二名；教师指导学生参加全国、全区技能大赛都取得了优异的成绩，民族掐丝工艺作品《壮族姑娘》获得 2015 年全国职业院校技术技能创新成果交流赛一等奖。

（3）专业设置合理。在本专业 17 年的办学历史中，已经形成了一个较为完整的专业设置体系，积累了丰富的办学经验，最初仅开办了工艺美术设计专业和广告设计与制作专业，后来随着社会的需求和专业发展的需要，增加了建筑装饰专业和其他相关专业，均属于市场人才紧缺专业。

（4）专业师资队伍优势。目前，我们已经具有一支学历、职称、年龄结构较为合理，实力较为雄厚的专业教师团队，教师团队中有 20%（3人）的现场专家，师资力量比较均衡，主干课程教师有丰富的实践经验和教学经验，教学能力强，有一定的学术水平，对本专业的人才培养目标、培养规格、课程体系有较全面的把握能力，具有较强的新知识、新技术、新工艺、新材料、新设备、新标准的吸收、消化和推广能力，学校建立有"民族掐丝技艺名师工作室"，陈良副校长获得"国家教学名师"称号。

2. 工艺美术专业实训基地建设存在的问题

相对于理论课的课堂教学而言，实训基地的建设活动有着明显的实务倾向，强调专业能力与专业素质的养成与提升。

（1）实训室。建设普遍过晚，严重滞后于专业理论课程的学习和专业学生对技能培养的需求。调查显示，职业院校新生入学初期，大部分时间

在公共教室完成基本理论知识的学习，但是部分学科需要把理论知识与技能实操相结合。从专业建设的角度分析，先进行理论教学，在理论教学有一定积累后再进行实训。几届学生，缺乏模拟实训，只能接受到纯理论课程的学习，这对特别强调实务技能的专业学生来说，直接影响其专业学习的信心，乃至就业的信心。

（2）校外实习见习基地。据了解，越来越多的实习基地不愿意接受短期实习生，一位实习生从最初进入实习基地到实习结束，通常只有两个月时间。而实习基地往往需要在机构方本身工作量大、任务重、时间紧的情况下，精心选出专职社工带领与督导实习生，花费大量时间、精力与资金，而实习生却在刚熟悉机构、刚上手工作、刚能产生正面效应时就离开，这对机构方的利益是一种伤害，不利于机构方与校方之间的长期合作，长期合作应是多赢的，不仅有校方、学生，也应包括机构方在内。因此，更多的机构方在实习时间长度上开始有要求，至少是三个月，而这无疑又与学校专业实习长度两个月的明文规定有着现实的冲突。

（3）实训教材匮乏。教材是开展实训课程的基本。调查显示，目前，社工实训课程的教材严重匮乏，特别是本土化教材数量甚少，"双师型"教师稀缺。硬件设施仅仅只是开设实训课程的物质基础，有着较强专业实务操作能力与实务经验的"双师型"教师才是真正实现实训功能的灵魂与关键之所在。目前，能在传统教室上理论课程的教师很多，可是能在实训室内教授专业实务技能的教师却数量稀少。

四、工艺美术专业实训基地建设对策

1. 以科学发展观为指导，实训基地建设注重实用性

培养学生掌握生产操作技能的能力是无法在技能教室和校外企业中同时进行的。加强校内实训基地建设是提高学生动手能力的有效方法。校内实训基地与教学挂钩，是学校教学的有机环节，严格按照培养目标进行训练，使学生真正掌握必需的实践技能，进一步实现职业教育的培养目标。加强校内实训基地建设是推进职业教育教学改革、更新人才培养模式的基础。改革传统教学方式，构建适应企业生产过程的课程体系，在教学计划

中突出学生职业能力的培养。

2. 完善设备，校企合作，加大实训基地投入力度

职业技能的培养主要是在实习实训中进行的，这一过程包括技能学习、校内实训、顶岗实习三个阶段。技能学习在技能教室进行，以教为主，边教边学。要求学生通过本阶段学习，能将专业理论与实践相结合，解决为什么这样做的问题，同时掌握要领，规范动作。校内实训在校内实训基地进行，以学生操作为主，完全按照企业生产规程和作业要求去做，学生在已经完成专业理论学习的基础上，依次完成各工序的工作，教师负责指导，学生通过团队配合，以最终交出的"产品"作为评分依据。校内实训能够提高学生解决具体问题的能力，使学生从一个没有职业体验的学生，逐步成长为操作相对熟练的技术人员。

03 广告设计与制作专业实训基地建设研究

通过分析当前广告设计与制作专业实训基地建设中存在的问题，以及构建生产性实训基地建设思路和策略，总结提炼出广告设计与制作专业实训基地建设的教学目标，以及构建与"1+X"证书制度衔接、与课程衔接、与企业衔接、与就业市场衔接等培养新模式；实训基地建设是实践教学有力的保障，积极探索实训基地建设，有利于中职教育改革的顺利进行。

一、目的意义

教育部《关于进一步深化中等职业教育教学改革的若干意见》中指出："加强职业学校实训基地建设，不断改善实习实训基地条件，积极推进校内生产性实训基地建设，满足实习实训教学的需要，要加强校企合作，充分利用企业的资源优势，共建实训基地。"以此为理论依据开展实训基地建设，通过多种形式大力推进产教深度融合、办学特色鲜明、与教学和课程改革相匹配的生产性实训基地、产教融合型实训基地建设，充分发挥实训基地在专业技能训练和职业素养训导等方面的功能，提高学生技术技能水平，有效缩小课堂教学与生产实践的距离。

随着近几年来我国对职业教育改革的不断探索和深化，中职教育在众多职业教育中有了更进一步的发展，整个经济社会的发展和持续进步，以及企业的用工需求，对职业学校所输送的人才提出了更高的要求，使得理实一体化教学方式的内涵建设改革发展成了当前中职教育最富突破性与挑战性的难题。在职业教育改革的浪潮中，中职学校不断地在"实"方面绞尽脑汁、下足功夫，力求从教学方式谋求创新，教师队伍力图转型、重新设置实训教学内容，采用扩建实训基地、购置实践教学设备等手段推动自身发展，力图契合社会对新型技能人才的大量需求。同时，实训基地建设也是自治区品牌专业建设发展中重中之重的一项任务，也是确保职业学校能够长足发展的核心要点。

二、国内广告设计与制作专业实训基地现状分析

1. 现行的实训教学模式分析

广告设计与制作专业教学实践活动其实是一种基于教学或课堂的实训活动。在教学活动中，教师以设计软件的某个知识点对学生进行技能训练，学生在课内时间完成，并上交给教师进行评价。从表面上看，这种教学模式可以让学生掌握一定的知识和技能，但这样的知识和技能过于单一和浅薄，无法在实训过程中将技能进行横向应用，即无法将所学技能整合应用，学生在今后就业时很难从"技能型"向"技能应用型"发展，这会给学生适应社会带来不利影响。

2. 高水平职业院校的实训基地建设模式的启发

通过走访和交流，我们了解到，高水平的职业院校实训基地建设模式往往是能够深度产教融合，能够充分将社会力量加入专业的教学过程，并且具备企业的真实生产环境，进行真实产品生产，能提升学生实践技能水平，能实施技能等级培训和考评，集社会服务功能于一身的实训基地。

三、我校广告设计与制作专业实训基地现状

广西理工职业技术学校广告设计与制作专业实训基地在建设时，将与区内广告公司的合作考虑在内，先后与某些企业进行深度合作。每个学期定期召开专业人才培养与课程的研讨会，与企业设计总监共同制订下个学期的人才培养方案，将企业对人才的需求有机融入人才培养目标中。共同

建设校内实训基地，包括采购实训设备、工位的设置、装修方案及企业文化的制订等各方面。在学生实训方面，一年级下学期就可以参与到企业真实订单的商业活动中，企业将一些适合学生知识与技能水平的订单交给学生进行制作，让学生体会真实的客户需求、真实的商业行为。正是以上这些举措，我校广告设计与制作专业学生在专业教师与企业设计人员的共同培养下，2018年、2019年连续两年在区级技能大赛广告设计项目荣获一等奖4项、二等奖1项、三等奖2项，特别是2019年的全区技能比赛，参赛的4个选手中，就有3个获全区一等奖。取得这样的优异成绩，一部分归功于我校广告设计与制作专业实训基地的建设，学生从一年级学习设计基础操作开始就参与到真实项目中，在教师与企业设计人员的严格指导下，上课即是赛前培训，高强度的培训即是设计工作的一部分，将培训融入教学实训当中。二年级上学期，优秀的广告设计与制作专业学生随时可以参加区级技能比赛。

四、广告设计与制作专业实训基地建设的对策

1. 与"1+X"职业证书制度衔接建设校内实训基地

中职学生不追求高学历，让学生多考几门有用的职业技能等级证书，是提升中职学生实践技能水平及就业竞争力的一条好出路。"1+X"职业证书制度是将学校的学历教育与社会人才需求相结合，面向行业对人才的需求，包括对人才的职业道德品质、职业素养、技能水平等方面进行动态的考核评价，利用学校原有的实训基地资源，包括设备、场地、师资、生源等，汇集本专业的骨干教师及本行业的领头人，与企业共同培育建立培训评价组织机构（培训及考核站点），共同开发技能等级证书，制定人才评价标准，教材开发、学习资源库建设，协助实训基地建设等，并把证书制度写入人才培养方案中，制作教学计划和新的教学内容，成为人才培养质量的标准等，且能够协助学校进行相关资格培训。学校自身也要加强专业教学团队建设，并定时选派教师参加相关资格培训。在建设这样的培训组织机构的同时，一定要在政府及教育部门的领导下制定好相关的标准、规章制度、流程及技术等，确保培训和颁证的

工作有序地开展。

2. 校企共建集教学、生产、对外培训于一体的生产性实训基地

遴选一批在行业中有影响力和核心竞争力、处于领军地位的企业进行校企共建合作。学校提供场地、人员，企业提供设备、技术、市场开发，既能满足在校生的教学实训需要，同时也承担企业产品生产、技术研发等工作。师生参与到真实的项目中，提高了学生的专业能力和教师的实践教学能力及专业技术水平。这样的生产性实训基地还应该具备一些综合性的功能，比如，企业可以真实生产，也可以进行面向社会的职业技能鉴定，还可以为学生进行技能竞赛培训等，包括生产方面的技术服务。

3. 优化教学资源，开展校企合作制订课程、人才培养方案

学校师资队伍技能水平与行业前沿技术之间存在一定的脱节情况，师资队伍项目实践水平不足。学校应邀请企业技能能手参与到专业的课程开发中，将最新、最具代表性的真实项目写入到课本教材中，将项目实战融入各种教学实训内容，让学生能够直接参与到真实的项目中，学生能在项目实施过程中发现自身存在的问题，能够较有针对性地解决问题。同时，学校与企业的人力资源部门及技术部门进行深入合作，共同制定人才培养的方向和质量标准。学生在毕业之际，具备丰富的真实项目实践经验，可以迅速地适应岗位要求。

4. 建立"校中企"的生产性实训教学模式，增强"双师型"教师队伍建设

教师与学生完全进入到生产性的实训基地中，与企业的员工共同工作和学习，将学习环境转换为真实的工作环境，包括企业的文化、职工（学生）行为准则、职业操守、工作规范、安全守则、与客户沟通规范等。对学生严格要求，养成良好的习惯，提升学生的职业责任感。

教师方面，通过参与企业的经营活动，不仅能提升自身的技能实践水平，还能丰富实践经验。在实践过程中，教师根据自身对真实项目的理解，不断改进教学理念与模式，从实战的角度更好地教学。通过实践，教师不断地弥补自身知识水平的不足，完善自身知识体系结构，提高自身素质。

5. 利用资源扩大社会培训

结合"1+X"证书制度模式，利用实训基地资源，开展对本校、相关院校、企业的社会培训及考证等工作，成立国家认证的专业技能培训和职业资格技能鉴定站点，引领师资队伍建设，将证书资格认证与社会服务相结合。技能证书要能够体现毕业生的职业技能水平，反映学生的职业活动和个人职业生涯发展所需要的综合能力。

服装设计与制作专业实训基地建设研究

随着服装行业的不断发展，服装设计与制作专业人才的需求也在不断增加。作为培养服装设计与制作专业人才的学校，单靠教授理论知识是不够的，将理论与实践相结合才是关键。在院校内建立和完善服装设计与制作专业实训基地，一方面，能让学生将自己所学的理论知识应用于实践中，提高自身的实践操作技能；另一方面，通过实训基地的建设，可以增加服装设计与制作专业教师的教学方法，拓宽教师的科研方向，提高自身的专业技能，更高效地为社会培养出优秀合格的毕业生。

一、目的意义

1. 与理论教学相辅相成

教师在对学生讲解服装方面的相关知识和设计中应遵循的基本准则时，学生被动地接受知识，且对一些知识的理解较为困难，从而会降低一些学生学习的积极性。通过实训基地建设，有效地填补了单纯理论教学时存在的缺陷，学生在学习了理论知识后能在第一时间将所学知识进行实践与尝试，把理论融入行动中，大大提高了学生的学习效率。

2. 提高学生的积极性及实际操作能力

实训基地建设可以调动学生学习的积极性，较之相对沉闷的理论内容，让学生自己动手操作能提起更多的学习兴趣。同时，可以提高学生的动手实践能力，为培养出技能型人才做充分的准备。

3. 学生成长、成才的演练所

服装行业是一个较为热门的行业，存在较为明显的竞争。如果想在激烈的竞争中站稳脚跟并获得人们的认可，就需要具备过硬的专业技能和创新的思维。技能需要在不断的实践中提升，而不拘泥于传统理论的创新思维和独到的见解也应在实践中验证及应用。建设完善的实训基地就是学生真实化的演练场所。

二、国内服装设计与制作专业实训基地现状分析

我国大多数的服装设计与制作专业实训基地建设不够完善，实训设备和场地的设置不能兼顾各专业相关的方面，比如缺少较理想的后整熨烫环境（设备）、后期摄影制作海报的场地（条件）等，特别是针对细分的就业岗位而设的实训室更是少之又少。实训基地建设并不是提供一个场地，摆放相关的设备设施就能够满足教学及实训要求的，而是要形成一个连贯又完整的专业体系。

三、我校服装设计与制作专业实训基地现状

我校服装设计与制作专业实训基地也存在着一些常见的问题。设备的配置方面，缺乏专业的系统连贯，部分设备（场地）如整烫环境、拍摄场地等不完善。从管理上来说，缺乏专业的管理人员，现有的实训基地管理者大多不是管理专业出身，导致实训基地整体管理水平不高。在没有做好完善管理和监督的情况下，一些学生在使用实训设备和工具时没有做到爱惜物品，用完之后也没有及时地放置在合理的位置，容易导致实训用的工具和设备丢失和损坏。

四、服装设计与制作专业实训基地建设对策

1. 服装设计与制作专业实训基地建设的内容

（1）服装设计室（区）。"设计"这个步骤为现代服装从无到有的第一步，是整个服装创作过程的核心。因此，服装设计室（区）应为实训基

地建设中的一项主要内容，它的主要功能是产出服装款式设计、纸样设计等，让学生能就相应内容进行实训。实训内容主要包含：①通过手绘、电脑绘制等方式进行设计效果图的创作，让学生懂得如何将想法转化为具体的形象呈现，并熟练掌握相关软件的应用；②使用电脑进行纸样设计，提高学生将效果图转变为纸样的能力，有助于学生熟练使用电脑软件来完成设计、制版等阶段的具体内容。

（2）服装制版、剪裁室（区）。服装制版、剪裁室（区）的主要功能是方便服装样板的绘制、修改，给纸样和布匹的剪裁提供场地，以及更有效地进行立体剪裁、造型。为相关的课程提供实际操作的条件，以训练学生手工制版、立体剪裁等方面的技能和整体服装造型的感知度。

（3）服装缝纫、制作室（区）。制作是服装从零到整的一个重要环节，是把想法变为实物的关键步骤。服装缝纫、制作室（区）的主要功能是针对学生在课堂中学到的生产工艺、生产设备的应用等课程，给学生提供实践训练的环境。在实践中，学生可掌握缝纫机（平缝机）、锁边机等设备的使用方法，熟悉服装的制作步骤等，从而提高学生的综合能力。

（4）服装整烫室（区）。俗话说"三分做工七分烫"，虽然可能有夸张的成分，但也能直观地反映出整烫的重要性。从布料预整理到制作中的压整、熨缝、归拔等，以及制作完成后的后整，几乎每一步都离不开熨烫。一个设备齐全的服装整烫室（区）可以让学生更好地掌握烫台、熨斗等整烫设备的使用，并更高效、高质地完成服装的制作。通过对布料、服装的整烫，学生可以更好地了解布料的特性，如缩水性、弹性等。

（5）服装特种设备室（区）。随着服装款式及样式的不断增加，越来越多的服装特种设备被投入到生产中。服装特种设备室（区）可以让学生了解到不同工艺所需要的不同制作途径，以及对服装制作设备的有效选择等。现代服装行业中所使用的设备是多种多样的，如包边机、电脑绣花机等，了解服装设备的功能，可以为后期的实习及工作奠定一定的基础。

（6）服装摄影棚（区）。服装摄影是服装后期效果呈现的重要部分，在商业服装中肩负着树立服装形象和宣传的重要使命。一张服装摄影作品需具有真实性和独特性，在真实反映服装作品的同时，最大化地表现出它的特点，抓住人们的眼球。将学生在校期间的服装作品拍摄成作品集，一方面是一种成长的记录，另一方面也是为日后学生的参赛或就业做准备。学生在拍摄作品的同时，能锻炼自己的综合技能，理解影像的透视关系，提升自己的审美水平等。一个完善的服装摄影棚（区）将会为服装效果的完美呈现提供更好的条件。

2. 服装设计与制作专业实训基地建设的路径

（1）科学化的运行。随着时代的进步，社会对人才的需求不断变化，学校也应与时俱进，在实训基地建设中要不断更新与完善，让实训基地的设置更科学。根据实际需求定期给实训基地更新（维护）或补充适当的设备与仪器，以满足学生实践训练的需求，打造一个设备齐全的实训场所。

学校可联合相关企业共同在实训基地对学生进行培养，根据企业对人才的需求开展针对性的培养工作，与企业达成共识，让学生走出学校到企业去参观、学习及锻炼，这样所学的知识才能更好地学有所用。校企通过实训基地这一平台共同参与人才培养方案的制订，一方面，学校所培养出的学生能真正掌握社会所需的一技之长；另一方面，可帮助企业招聘到更合适的人才。也可邀请企业中的优秀设计师或其他岗位上的优秀员工在实训基地对学生进行面授与讲解，拓宽学生的知识面，使人才培养与企业需求真正衔接。

（2）打造专业的团队。服装设计与制作专业的理论课程与实践课程是紧密结合的，这对教师提出了严格的要求，教师不仅要对服装设计与制作方面的理论知识有全面的认识与理解，还要熟练地实践操作，熟悉服装的制作过程及相关的设备，在实践中能对学生进行有针对性的指导。在实训基地建设中，教师起着非常关键的作用，学生在实训基地操作时，教师应当做好引导，并对在实际操作中遇到困难的同学及时地进行指导。教师需找到适合学生的教学模式，顺应时代的潮流，及时了解国内外服装行业的基本情况和发展方向，并能针对每个学生不同的个性特点去量身打造，指引学生在服装行业中找到属于自己的方向，引导学生在服装设计与制作中力求创新，利用实训基地这个平台把自己好的想法制作、呈现出来。

第八章

广西职业教育建筑装饰专业群教学与实习管理研究

实践教学是阶段性教学计划的重要环节，是理论教学的延伸、拓展和深化。建筑装饰专业群需要向专业化、市场化方向发展，创立学校和企业的联合培养机制，加快推进产教融合、校企合作、协同育人，共建校外实习基地及专业群实践教学体系，加大实践教学力度，推动实现专业链、人才链对接区域产业链，服务地方经济社会发展，促进职业教育布局结构优化。同时，采用信息化等手段进一步规范实习管理，及时总结经验，优化专业教学与实习模式设计，建立多元评价体系，全面反映学生的实习过程、内容及效果。通过实习提高学生综合能力、创新精神、实践能力、团队合作能力与责任心等，为就业打下良好的基础，成为学生迈入行业前的一块强有力的基石。

建筑装饰专业教学与实习管理研究

一、背景及意义

1. 背景

国务院早在 2010 年就发布了《国家中长期教育改革和发展规划纲要（2010—2020 年）》，明确指出，要建立现代职业教育体系，优化职业教育结构，实行职业院校分类管理，为我国职业教育改革发展指明了方向。国家指明，职业教育的发展目标是要着力加快推进产教融合、校企合作、协同育人，培养合格的应用型人才，服务建材行业和地方经济社会发展。

2. 意义

建筑装饰专业实习是学校针对建筑装饰专业阶段性教学计划的重要环节，通过认识实习、跟岗实习和顶岗实习，巩固和加深对建筑装饰专业有关理论知识的理解，并直接向建筑装饰企业的员工和管理人员学习建筑装饰的基本技能，了解施工管理的基本操作，培养分析问题和解决问题的能力，锻炼与人相处和独立工作的能力，是实现学校培养目标不可缺少的教学过程。其意义在于能让学生通过认识实习、跟岗实习和顶岗实习，了解建筑装饰企业常规业务手段和方法；应用所学的知识和技能，在真实的工作环境下，认识自我，磨炼意志，锻炼心态，向建筑装饰企业的员工和管理人员进一步学习建筑装饰的基本技能，了解企业的实践经验，真正做到理论与实际相结合，培养学生工作能力，提高自身素质。

二、建筑装饰专业教学与实习管理经验

老师参与学生实习的管理和服务工作；深入地了解企业的生产、管理和用人机制；更近距离地与学生相处，在观察和调查中了解学生的思想、行为、个性等的形成过程；体会实习对学生成长发展的重要意义；全面地认识到教学的重大责任和重要作用。

1. 对企业的认识和了解

企业是以营利为目的机构，这是企业的基本属性和特点。在该属性的主导下，企业的管理层、生产链、用人制度乃至企业文化都有浓浓的"经济"味道，一线人情味略显淡薄。在企业中，不管是激励制度还是惩罚制度，都和经济有着密切的联系。

2. 对学生的分析和观察

对学生来说，不管在学校上课，还是在企业实习，其基本属性都是学生。因此，对学生的管理和要求既要结合企业制度，也要考虑其特殊性。老师要加强对学生的教育、引导和关心。在实习过程中，学生的认知度不够，也不愿服从企业管理：一是企业的规章制度对学生没有针对性和约束性；二是学校对学生实习过程的管理规定相对模糊；三是家长对学生实习工作的理解和认识不足。

3. 对实习工作的认识和理解

实习本是为了帮助学生更好地适应社会，提前了解企业，发现自身不足而准备的一个锻炼成长的机会。但是现在的实习却变成了为了配合企业生产，强制安排学生去做一些与自己专业不对口的工作，少了关心和教育，多了利益性的东西，引起学生和家长的反感。因此，驻厂老师要充分意识到学生的矛盾心理，关心并引导学生的日常工作。

三、建筑装饰专业教学与实习管理模式分析

建筑装饰专业实习分为：认识实习、跟岗学习和顶岗实习三种情况。

1. 认识实习

认识实习，是建筑装饰专业针对一年级新生，有针对性地将其安排到与专业对口的建筑装饰企业、建筑装饰材料市场所开展的实践性教学环节。目的是让学生了解建筑装饰材料：花岗岩、大理石、外墙贴面砖、陶瓷地砖等，以及装饰玻璃和木制装饰材料、塑钢门窗、塑料管道、油漆等的用途和特点等。

2. 跟岗实习

跟岗实习时间 6 个月，是职业院校培养人才的一种方式。在正常上课期间，把学生安排到企业，跟师傅学习一段时间，体验企业文化，熟悉企业环境和职业技能。

3. 顶岗实习

顶岗实习时间 6 个月，是学生在毕业前到生产单位顶岗实习工作，通过实际工作掌握处理建筑装饰工程信息、控制施工质量和施工进度的工作方法，总结所需知识。

四、建筑装饰专业教学与实习管理存在的问题

企业对待实习生的目的与学校不一样。据调查，企业的主要目的是储备人才，实习生可以填补企业简单的工作岗位空缺，缓解短期业务高峰的压力，精简人力成本。而学校是为了让学生通过实习把学到的知识进行实践和应用，学以致用，融会贯通，开拓视野，完善学生的知识结构，锻炼学生的能力，让教育不与社会脱节。学校对实习工作的管理模式和方法较为单一，评价体系无法标准化。学生在实习期间被分配到不同的岗位，老师无法全程参与和指导学生的实习，实习实践的重要性很难落实到位。

五、我校建筑装饰专业教学与实习管理优化措施

1. 企业制定实习规范

在政府倡导下，让企业充分认识到实习管理制度的重要性。从国家战略人力资源管理的高度认识教学与实习，制定规范的实习管理制度；根据

国家的发展战略，持续、有计划地发掘与储备人才；企业根据自身的发展需要把实习工作作为储备人才的一部分，建立完善的招聘、选拔、测评、奖励体系。

2. 学校加强实习指导

学校要加强与企业的联系，了解实习学生的实时动态，及时处理好实习过程中出现的问题，不断完善实习的教育指导工作，使实习工作能够持续、有效地开展。学校要重视学生实习实践的重要性，让理论和实践相结合；学校要密切关注学生的实习动态，加强对实习生的管理。对实习生的考核不能简单停留在实习报告上，选派老师深入实习单位考察实习生的思想、工作、生活动态，以便实习生能够更好更快地适应工作环境。

加强校企合作。职业教育是以就业为导向的教育，培养的是生产、建设、管理、服务一线的高技能应用型人才。要想提高学生的就业率，必须使学生熟悉实际工作情境，掌握工作技能。借助校企合作的优势，寻找与学校有深度合作的企业，如为接受企业提供员工的短期培训、为合作企业输送优秀的毕业生，聘请建筑装饰企业的优秀设计师和首席执行官到校讲座或上课，与企业建立长期稳固的深度合作关系。

3. 学生转变思想认识

引导学生转变思想认识，明确学习目标；激发学生交流欲望，提升自己的人际交往能力、表达沟通能力、社团工作能力等，为以后的工作和学习打下良好的基础；帮助学生在平时的工作和学习中注重实践，培养自己各方面的能力；鼓励学生树立良好的心态，摆正自己的姿态，主动虚心向企业的各位同事学习，遇到问题要主动思考，在实践中不断学习，提升自己的操作能力，学会自我调节，积极主动地面对困难。

教师应认识到，实习是与理论教学相结合的实践教学活动。建筑装饰专业实习让学生了解装饰企业中相关岗位的职业能力素质需求，了解建筑装饰主材的特征、性能，并能将手绘表现能力、识图和制图的能力与实际工程项目中的量房、绘制平面图结合起来，为后续课程——建筑装饰设计、建筑装饰材料的学习奠定良好的感性认识基础。活动结束时，可以要求以小组为单位进行实习总结汇报。

工艺美术专业教学与实习管理研究

一、背景意义

1. 背景

随着中职教育的普及化，国务院早在 2010 年就发布了《国家中长期教育改革和发展规划纲要（2010—2020 年）》，明确指出，要建立现代职业教育体系，优化中职教育结构，实行中职院校分类管理。党的十八届五中全会从"十三五"时期党和国家发展全局的高度对教育工作作出了重大部署，明确提出，"优化学科专业布局和人才培养机制，鼓励具备条件的普通中职院校向应用型转变"，充分体现了中央对转型发展改革的高度重视，为"十三五"时期我国中职教育改革发展指明了方向。

2. 意义

"知识来源于实践，反过来又指导实践。"传统的工艺美术教学，是以课堂为基础，受教材的束缚，停留在"只讲教材"的局限，只注重"基础知识"和"基本技能"的培养，在一定程度上脱离了学生的社会生活，难以激发学生们对学习的兴趣。将工艺美术教学与现实生活相结合，有利于激发学生的审美兴趣和创作灵感，培养学生欣赏美、创造美的能力，全面提高学生的综合素质和艺术修养。

实践教学是教学工作的重要组成部分，是理论教学的延续、拓展和深化。从工艺美术专业的现状来看，要从市场的实际需要出发，向专业化、市场化方向发展，密切联系日常生活，加大实践教学力度。要加强对学生实践操作能力的培养，提高学生运用基础理论分析问题、解决问题的能力，培养学生的创新精神和实践能力。根据专业培养目标、人才培养水平和专业技能规格的要求，以及学生的认知规律，将实践教学环节——课程实践、社会实践、毕业设计、毕业实践等环节结合起来，构建贯穿学生学习全过程的实践教学体系，明确教学要求和考核方法，是实践教学的重中之重。

二、工艺美术专业教学与实习管理经验

1. 建立理论教学与专业实践相结合的教学环境

工艺美术专业的主要目标是培养实践能力强的应用型人才。在专业教学中，要对学生进行创造性思维和创新性思维的培养，同时要努力创造实践机会，使学生在学习过程中体验到"任务确定、计划制订、计划实施、反馈和评价"，要安排足够的时间让学生进行创新设计，更重要的是要建立理论教学与专业实践相结合的教学环境。教学中必须贯彻理论联系实际的原则，加强实践能力和基本技能的培养。一般学生对这一理论有似是而非的理解，甚至过一段时间就忘了。面对这种情况，专业课需要边实践边讲课。对于一些专业或技术类课程，可以邀请专家学者和有实践经验的技术人员授课，将抽象理论应用到学生更直观地理解理论的实践过程中。我校专业教师紧密联系社会生活和劳动力市场的实际需要，充分利用我校工艺美术专业先进的实践设备，积极探索实践教学的教学方法研究，采用"项目教学法""任务驱动法""模拟教学法"等教学方法，培养学生体验完整实用设计过程的要求。这样一来，一方面可以增强学生适应实际工作环境、解决综合问题的能力，另一方面可以帮助学生形成良好的就业观念、劳动态度和职业道德。

2. 增加社会实践课课时

工艺美术专业教学要切合实际，遵循社会发展规律和市场需求，打破传统封闭式教学模式，在专业课堂教学的基础上，增加学生对社会实践课

程的参与。根据教学内容，教师要组织学生到相关企业和单位参观学习，让学生走出课堂、走向社会，让学生有更多的机会参与教学实践，甚至让学生自主完成市场调研，从而掌握科学的设计方法，准确定位设计目标。通过大量的市场调研和社会实践，我们可以清晰地了解社会对人才的需求等信息，认识到自己与社会的差距，并在思想上予以关注。从我校历届毕业生的反馈来看，学生们一致认为，这种方法是有效的，对他们有很大的好处，可以应用他们所学的知识。

三、工艺美术专业教学与实习管理模式分析

工艺美术专业实习分为：认识实习、跟岗实习和顶岗实习三种情况。

1. 认识实习

认识实习时间 1 周，是工艺美术专业针对一年级新生，有针对性地安排到与专业对口的工艺美术企业、工艺美术材料市场所开展的实践性教学环节。其目的是让学生了解工艺美术材料如颜料、干胶、针线、铜丝、泥陶等的用途和特点，同时提前进入上岗状态。

2. 跟岗实习

跟岗实习时间 6 个月，是中职院校培养适用性人才的一种方式。在正常上课期间，把学生安排到企业，让学生在工作的环境学习一段时间，体验企业文化，熟悉企业环境和职业技能。

3. 顶岗实习

顶岗实习时间 6 个月，是学生在毕业前到生产单位顶岗实习工作，通过实际工作掌握处理各项工作的方法，总结所需知识。

四、工艺美术专业教学与实习管理存在的问题

学生到达实习现场后，在好奇心的驱使下，容易形成以自我为中心、自律性差的状态。有的学生不能适应企业严格的规章制度，违反实践纪律，中途离岗。大多数实习生都是独生子女，由于父母的溺爱和依赖，缺乏独立性和主动性，缺乏企业工作人员的指导，实习中的学生对专业实习没有深刻的认识，不珍惜来之不易的实习机会，没有明确的实习目的，不

知道什么时候该做什么或关注什么。

五、我校工艺美术专业教学与实习管理优化措施

1. 企业

在政府的倡导下，企业要充分认识实践管理体系的重要性，从国家战略人力资源管理的高度认识教学与实践，制定规范的实践管理体系，按照国家发展战略，不断系统地发掘和储备人才。企业根据自身发展需要，将实习作为自身后备人才的一部分，建立完善的招聘、选拔、考核和奖励制度。

2. 学校

学校要加强与企业的联系，实时了解学生的动态情况，及时处理实践过程中出现的问题，不断改进实践的教育和指导，使实践活动不断有效地进行。学校要重视学生实践的重要性，理论联系实际；学校要密切关注学生的实习动态，加强实习生管理。对实习生的考核不能简单地停留在实习报告上，选派教师深入实习单位对实习生的思想、工作和生活进行考察，使实习生能够更好更快地适应工作环境。

加强与企业的深层次沟通。职业教育是就业导向教育，培养的是生产、建设、管理、服务一线的高技能应用型人才。为了使学生毕业后能够顺利就业，必须使学生熟悉实际工作情况，掌握工作技能。借助校企合作的优势，我们可以找到与学校深度合作的企业，如为企业员工提供短期培训、为合作企业输送优秀毕业生、聘请工艺美术企业优秀设计师和首席执行官来学校讲座或上课，与企业建立长期稳定的深度合作关系。

3. 学生

转变学生的思想认识，明确学习目标。平时可以加强沟通，提高他们的人际沟通能力、表达能力和社团工作能力等，为今后的工作和学习打下良好的基础；实习生在日常工作和学习中要注重实践，培养自己各方面的能力，努力把自己培养成一个全面的人才；要树立良好的心态，摆正自己的位置，虚心主动向企业全体同人学习，遇到问题要积极思考，在实践中不断学习，提高自己的经营能力。同时，实习中也会有挫折感和失败感，

但是要学会调整自己，积极主动地面对困难。

实习是一种让学生认识到实践是理论教学与实践教学相结合的教学活动。工艺美术专业的实践让学生了解工艺美术企业相关岗位的专业能力和质量要求，了解工艺美术材料中主要材料的特性和性能，在实际工程项目中具有读图和绘图的能力，为后续的工艺设计、工艺美术专业课程的学习奠定了良好的基础。活动结束时，以小组为单位进行实习总结报告，每个小组成员必须参与完成报告。

广告设计与制作专业教学与实习管理研究

一、背景意义

1. 背景

我校是一所国有公办全日制普通中等专业学校，是首批国家级重点职业学校，首批国家中等职业教育改革发展示范学校，首批广西壮族自治区中等职业学校管理五星级学校。其中，广告设计与制作专业设置于 2013 年，目前在校生 265 人（19 级学生 76 人，20 级学生 88 人，21 级学生 101 人）。本专业现有专任教师 11 人，高级职称 2 人，中级职称 4 人，助理讲师 3 人，"双师型"教师 9 人。专任教师年龄均在 25 ~ 45 岁。兼职教师 2 人。作为面向二十一世纪科技人才的中职生，面对社会对应用型人才的需求，应该提高自身的综合素质，以适应时代的要求，除了要学好本专业理论知识，还要具备一定的设计技术实际操作技能。如何转变之前传统的"填鸭式"教学模式，还需要教师对学生实习进行探索式的教学改革实践。

2. 意义

随着设计行业的不断发展和进步，设计人才也越来越受到重视，只有良好的教学模式才能培养出行业需要的人才。在校期间完成课堂实践教学和练习后，学生到对应岗位实习，实习环节显然已经成了广告设计与制作专业人才培养的重要途径之一。对于选择走向工作岗位的广告设计与制作专业的学生来说，这是一个铺垫，是一个锻炼自己的实践机会。通过实习实践，巩固和加深对在校学习有关知识、理论的理解，并直接向一线企业的员工和管理人员学习广告设计与制作的基础技能，从而实现教学模式的改革和转变，学生在真实工作环境中更能锻炼意志力和认识自我，对专业学习有更清晰的方向和目标。

二、广告设计与制作专业教学与实习管理经验

目前，本专业已建成的校内专用实训室有：广告动漫电脑实训室、广告制作实训室；校外实训基地有：南宁绘盟广告有限公司、南宁蜀绣文化传播有限公司、鹤山雅图仕印刷有限公司等。基本能满足本专业学生实践教学需求和顶岗实习的需要，成为专业教学的有效保障。

从 2016 年开始，我系派出教师先后调研了广州、深圳、广西本地城市等地的学校和企业，学习发达地区兄弟院校先进的实训教学经验、实习管理经验，以及企业先进的设备和管理理念。考察后，根据我校的实际情况，项目领导组明确了我校广告设计与制作专业的定位：培养从事广告、多媒体产品、影像后期、动漫等的设计与制作工作的高素质劳动者和技能型人才。

2016 年 12 月广告动漫电脑实训室、广告制作实训室、专业画室建设完成。目前，实训基地使用面积为 500 平方米，实训设备总数达到 110 台（套），单次课程实训工位数达到 55 个，生均实训时数可达到 450学时/生。能够满足标志设计、版式设计、POP 字体设计、包装设计、书籍设计等设计课实训；能够满足 Photoshop、CorelDraw、3D MAX、Illustrator、InDesign、Flash 等软件课实训；能够满足广告招牌设计制作、招贴喷绘、相框制作等广告制作课程的实训和生产。这些都大大保障了该专业的日常教学和实训实操的要求。

近几年，本专业的招生人数逐年提升，2017 年本专业新生 46 人，2018 年本专业新生 90 人，2019 年本专业新生 103 人，到 2020 年，本专业新生 118 人。逐年提升的人数也反映了专业教学质量是得到肯定和提高的。近两年来，毕业生就业率分别为 97.6% 和 98.1%，毕业生就业岗位专

业相关度高达 82.6% 和 84.2%。

实习是教学计划规定的重要课程之一。专业教学计划中的必修课阶段，是培养综合型人才的重要内容，是每个学生必须经历和学习的重要环节。为了进一步加强实习管理，使各项工作落到实处，从日常教学到实习管理，专业教师十分注重提高自身实践能力。教师下企业锻炼率达 100%，每位专业教师都能在企业实践中得到真实的项目操作和指导，为企业人才输出做好坚实的知识储备，真正做到了解行业需求，实现人才输送的无缝衔接。

我校日常教学中设备购置坚持先进性和实用性原则，写真机、覆膜机、喷绘机、热转印机等设备贴近企业生产一线，让教学内容直接与生产实践相结合，保障了本专业教学效益、生产效益和社会效益。

我校广告设计与制作专业深度合作的企业有 3 家（见表 1），比如与鹤山雅图仕印刷有限公司等企业建立长期稳定的合作关系，形成紧密合作的长效机制，既培养了人才，又对区域经济发展做出了贡献。近两年，合作企业接受顶岗实习学生数近 200 人/月，合作企业接收就业学生 11 人，企业对学生顶岗实习的满意率达到 86%。校企合作的内容与方式包括技术咨询、员工培训、产品开发、项目制作等。我校广告设计与制作专业与鹤山雅图仕印刷有限公司采用企业订单模式培养学生，订单式学生数占比约为 25%。企业录用顶岗实习学生比例约为 70%，校企合作共同开发课程 3 门，本专业教师获得国家实用新型专利 3 个。

表 1　合作企业及实训内容

序号	实习实训基地名称	实训内容
1	南宁绘盟广告有限公司	广告设计与制作
2	南宁蜀绣文化传播有限公司	广告设计与制作
3	鹤山雅图仕印刷有限公司	广告、包装印刷

三、我校广告设计与制作专业教学与实习管理模式分析

我校主要采用半年制的实习，由学校统一安排广告设计与制作专业的

教学实习管理模式。目前，国内广告设计与制作专业教学与实习管理模式为：一方面，广告设计与制作专业是以软件技术为主、艺术层面为辅的一种新型专业，就业面十分广泛。为使该专业学生的综合学习能力得到提高，可以通过实习环节更有力促进该专业学生对相关知识的理解，从而使专业教学质量得到提升。学生更有成就感，对自身前景和未来也有更好的规划。另一方面，企业接受实习的岗位有限，有些还不能达到完全对口状态，容易造成学生的困惑，使我们的人才培养模式和教学模式面临更大挑战。

四、我校广告设计与制作专业教学与实习管理模式优化设计

1. 广告设计与制作专业教学与实习管理模式存在的问题

针对我校广告设计与制作专业实训基地的建设情况分析，主要存在以下问题：

第一，教学实训存在较单一和程序化问题，与真实的生产性实训还有一定的差距；

第二，专业资源库建设数量少；

第三，学生顶岗实习的专业相关度有待提高；

第四，本专业教师参加各级信息化大赛的成绩不理想；

第五，教育教学模式还缺乏新的技术环境的支撑；

第六，社会服务还不深入。广告设计与制作专业是一个与行业企业联系紧密的专业，但目前教师没有足够时间扎根到企业中。

2. 改进广告设计与制作专业教学与实习管理的措施

针对上面的诊断，对症下药，解决问题的思路如下：

第一，按照行业实际生产流程对学生开展培训，培训内容可涵盖企业的人事分配、实际工作流程，以实施项目作为导向。

第二，进一步加大学生顶岗实习专业相关单位的引进，力争专业相关度达到90%。

第三，积极动员本专业的教师参加信息化大赛。

第四，建议学校加强校园网建设，利用智能移动终端上辅助教学课程

1门。

第五，增加教师走进企业的机会，推进教师进行社会服务的活动。

3. 广告设计与制作专业关于三方管理优化设计

第一，学校和系部成立学生实习领导小组和学生实习指导小组，加强对学生实习教学环节的组织、管理与指导工作。

第二，实习前，由系部统一组织召开实习动员大会，宣布实习纪律、注意事项（包括学生作息、请假、安全纪律、奖惩、考核办法等）。

第三，各系部制订的实习大纲、具体实习计划和指导教师的选派必须报学校审批后方可实施。加强对学生在实习全过程中的检查和监督。

第四，指导老师建立专门的网络联系平台，线上线下保持可联系状态，各班主任与指导老师对接好本班学生和学生家长的联系方式。

第五，各系部指导教师负责所带学生的具体实习工作安排；对于去往实习的路线、集中地点、集中时间，班主任必须要通知到每一个学生，并发放实习计划、"致家长的一封信""学生实习报告"；实习指导小组应负责指导分散实习的学生在教务处网站下载《实习鉴定表》，并指导学生完成。

服装设计与制作专业教学与实习管理研究

一、背景意义

服装设计与制作专业的主要目标是培养服装行业及相关的高素质综合型专业人才，专业的主干课程都注重动手操作能力的培养和专业技能训练。因此，实践教学是教学工作的重要组成部分，是理论教学的延续、拓展和深化，实践教学是卓越人才培养的灵魂和根本，创立学校和企业联合培养机制，构建服装设计与制作专业的实践教学体系，形成针对服装设计与制作专业的校企深度合作培养卓越人才的原则、思路、标准，是卓越人才教育的重要特征和本质要求。

学生在校学习应分为两个阶段：第一阶段为基础学习，完成在校的理论、技术课程；第二阶段为实践学习，在企业进行实践教学的培养，完成专业实习。教学实习能使学生了解和掌握相关专业实践技能及设备操作流程，理论结合实际，提高综合设计创新能力和实际动手能力。同时，在实习中培养学生的团队互助合作精神，为今后的学习或工作奠定良好的实践基础。

教学实习的具体组织安排有可能影响学生对专业的认识程度和感兴趣程度。因此，在实习的规划、组织等方面必须完善，以帮助学生提高对专业的认识，为今后从事本专业的相关工作奠定良好的基础。

二、服装设计与制作专业教学与实习管理经验

作为服装设计与制作专业的实习课程，需要针对专业人才培养目标和主干课程有重点地安排。首先，在实习场地的选择安排上，要选择适合本专业的实习环境。良好的实习环境不但能够保证实习环节的顺利实施，还能给学生留下深刻的印象，激发日后主动参与社会实践的意愿，在心中树立起良好的专业形象，增加从事本专业的信念与决心。其次，在教师队伍的选择上要严格把关，必须选用责任心强，且具有一定专业知识基础的教师担任指导老师参与教学实践。第三，要根据市场发展需要和后续课程的培养需要，选择与本专业相关的实习实训项目。

成立领导小组和指导小组，负责实习单位联系、实习大纲编写等相关工作，加强对学生实习教学的管理与指导。实习前组织召开实习动员大会，宣布实习纪律、注意事项等。

1. 实习的时间和内容

关于学生的实习大纲、实习计划、指导教师人选须审批后执行，不能无故缩减或增加实习大纲规定的内容和时间。

2. 对实习指导教师的管理

指导教师对实习的学生负全面管理责任，在指导教师的选择上，应选派责任心强且有实践经验的教师担任实习指导教师，同时可在实习单位聘请岗位负责人作为兼任的指导教师。

3. 对实习学生的管理

实习学生必须听从指导教师和带队人员的安排，严格遵守实习单位的规章制度和纪律，特别要遵守保密制度和安全操作规程。对于违反实习单位规章制度和纪律的学生，学校应会同实习单位，视情节的轻重，按照有关规定严肃处理。另外，学生擅自实习的，除按学校考勤规定进行处理外，当次实习不计成绩。

4. 实习中的安全管理

实习指导教师应担任校内安全责任联系人，实习期间出现的一般问题

或事件由实习指导教师与相关单位协调解决。若发生重大事件，应立即向学校请示报告，以便对事件做出及时妥善处理。

5. 实习成果及成绩

学生实习成果包括实习日记、实习报告以及其他能证明实习收获的材料。学生实习必须参加考核，成绩合格才算完成实习。

6. 实习资料归档与评估

实习结束后，必须完成学生实习成绩评定和资料的归档工作。归档资料包括学生实习日记、实习鉴定表、成绩登记表、各专业实习总结报告等，且应组织召开实习总结大会。

三、服装设计与制作专业教学与实习管理模式分析

实习环节在专业人才培养过程中具有重要的作用，如何发挥出该课程的最大作用，为学生步入社会打下良好的基础，需要在以下三个方面加强重视：

第一，重视对实践教学成果的展示与评价环节。实习课程存在走过场现象，不注重实效，虽然投入了大量的财力与人力，却收效甚微。尤其在项目的最终评定环节上重视不够，学生对教师的评价意见不能得到信息反馈，不能够深刻认识和总结，在后续课程上不能得到修正和进一步的完善。因此，建议在实习结束后，选择专门的时间对每期的实习成果进行公开展示，通过自由留言和投票评选等活动，学生能够从不同渠道对自己进行深入的认识，总结实习的经验与教训。对学生而言，这样的展示与评价效果比单一的成绩评定会受益更大。

第二，许多学生在实习后，由于种种原因对专业相关的岗位和技能还停留在一知半解的状态。因为实习时间一般不会太长，所以学生对各实习项目和设备操作以及整个行业的流程还未完全熟悉便结束了实习，不利于成果的深入。因此，需要加强对实习结束后的课程延续，让学生有充分的时间将实习获得的成果融入自己的知识技能储备库。

第三，加大实习项目的网络教学资源建设，将优质的网络教学课件和优秀的服装设计资源与实习课程相结合，促进实习结束后在学校课程的后

期延伸。

四、我校服装设计与制作专业教学与实习管理模式优化设计

1. 实习的管理

（1）实习前的管理。首先，在实习生奔赴实习企业前，邀请企业相关人员做演讲，让实习生提前了解企业的要求，明确自身的责任和义务。其次，学校举行实习生动员大会，让实习生了解当下的就业情况和相关公司的实习制度与要求。强化"安全为先"的实习工作理念、企业工作纪律和注意事项。

（2）实习中的管理。学生校外实习阶段，处于学校、企业共同管理的状态，其间容易出现校企管理真空状态。落实考核管理制度，做好实习企业的跟踪管理与指导。一方面可以选派实习指导教师深入企业访视学生的实习情况，同时也为教师创造专业实践考察的机会，使教师的教学与企业的生产实现无缝对接。另一方面也可以寻求企业支持，形成教育合力，由学校在实习企业聘请综合素质较高的工作人员担任兼职导师，负责对实习学生进行检查、督促、指导和管理，定期与校内实习指导教师联系与沟通，共建双向导师制度，及时处理学生在企业实习中遇到的问题或反馈给实习指导教师，以便学校对学生的实习质量、实习过程、安全性等方面进行有效的监督，保证实习的顺利进行。

（3）实习结束后的管理工作。实习结束后，指导教师除了收集有关实习文件、实习报告、实习日记等资料，还应对实习工作进行总结，教师自身要总结本次实习的主要经验、存在的问题以及今后实践教学的建议。学生方面，学校可通过召开实习经验交流会的形式，引导学生对实习进行总结和反馈。

2. 实习成绩的考核和评定

通常，对实习成绩的评定往往仅凭学生的实习报告和实习单位的实习鉴定作为实习成绩的主要评价依据，检验手段较为单一。实习成绩的评定应以综合能力作为评价的重要内容，建立多元化考核评价体系。多元化考核评价的指标可分为实习企业兼职导师评价、学校实习指导教师评价、实

习报告质量评价等部分。在实习企业兼职导师评价中，可以制定相应的评分指标，例如可建立准员工的考核档案，参考企业正式员工的管理方式来对学生进行管理，记录学生的实习行为、表现、业务、考勤等方面的工作情况，利用相关的指标对学生进行量化，根据评价给出相应的分数或者划出相应的等级。在实习指导教师评价中，主要通过跟踪考核、实习记录、实习单位鉴定和学生日常表现等环节来评定学生实习成绩，并建立对应的考核评分参考标准。实习报告是对实习内容的归纳和总结，对实习报告的考评要求内容完整，既包括基本知识，又结合各自岗位内容，比较全面地反映学生的实习过程、内容及效果。

第九章 广西职业教育建筑装饰专业群发展服务产业的研究

围绕国家重大战略和区域经济社会发展需要，对接国家精准扶贫、服务乡村振兴战略，培养建筑装饰专业群高端技能型综合人才，为地方经济建设提供优质人力资源支撑。积极面向社会开展专业技能鉴定，提高劳动者素质。与企业合作，共同建立建筑装饰专业群技术研发中心，提供技术服务，满足企业技术开发、技术创新需求。通过学校派教师到企业实践学习和企业派专家、名师到学校指导等方式，提升"双师型"教师技术服务能力。校企联合共建利益共同体，直接服务地方经济发展，积极发挥东盟地理位置优势，做足边境特色，打造国际化品牌，采取请进来、走出去的方式，把技术带出国门，为"一带一路"建设发展助力。

建筑装饰专业发展服务产业的研究

"5G+"模式下，建筑装饰专业服务产业发展呈现出新的特点。以5G网络服务为主线，客户线上选择线下体验的模式已成为当前发展的重要趋势，室内设计日趋精益化，焕发新的面貌，协同创新发展。

一、建筑装饰专业发展服务产业的内涵

1. 培养高端技能型人才，为地方经济建设服务

"5G"网络技术的发展及应用已涉及社会的各行各业，促进了各行业的变革和发展。"5G+"时代的来临，传统模式下的行业正经历着翻天覆地的变革。随着新的经济体及商业模式的不断涌现，各行业积极参与创新，优化再生模式，紧密结合"5G+"时代，追随新的发展。在这一大的时代背景下，建筑装饰行业与时俱进，积极革新，创新发展。如何培养高端建筑装饰专业技能型专门人才，为地方经济建设提供优质人力资源支撑成为重中之重。

2. 积极开展专业技能鉴定工作，提高劳动者素质

"5G+"时代背景下，建筑装饰行业发展呈现出崭新的生命力和蓬勃的革新动力，以及新的特点。以"5G+"网络服务为主线，客户线上选择线下体验的模式已成为当前发展的重要趋势，建筑装饰设计日趋精准化服务已成为未来竞争的核心因素。积极面向社会开展建筑装饰专业职工培训

技能鉴定工作，全面支持专业时代变革。

3. 校企合作，开展技术服务

学校应积极通过与企业合作，共同建立建筑装饰专业技术研发中心，开展技术服务。为适应市场的发展，用更先进的专业理念提升专业劳动者素质。

二、提高建筑装饰专业服务产业发展能力的探索

1. 创新校企合作机制体制，构建校企合作平台

"5G+"模式下，传统行业正在进行着颠覆式的变革，各类新的经济产业及新的商业模式如雨后春笋般不断涌现。优化产业模式，紧密融合在大5G网络时代里，用全新的思维模式，紧跟新时代的步伐显得越发重要。在如今的时代背景下，建筑装饰行业正用最积极的心态去寻求与5G网络大时代的紧密融合，不断创新校企合作机制，构建校企合作平台，共建网络大时代背景下的建筑装饰专业人才的培养模式。

2. 加强建筑装饰专业建设和改革，提升专业服务产业发展能力

借助便捷高效的网络平台服务，引导客户线上选择线下体验的模式，已成为当前建筑装饰专业发展的重要趋势。网络大时代背景下，各类建筑装饰专业化领域的网站应运而生，如实力雄厚的建筑装饰设计公司集结、专业设计师集结的室内设计网站等。同时，也出现了许多专门针对装修市场、建材行业等产业链的专业网站。消费者由线上线下的双重体验，与设计师进行一对一的交流，获得最快速的设计服务，通过了解设计师的设计思路，开展进一步的反馈咨询，使设计得到具体的呈现和真正的落实，体现出最高效的服务理念。当前生活工作节奏快，消费者能快速得到实际效果的真实体验，缩短时间成本。线上选择线下体验模式是基于"5G+"大时代背景下的建筑装饰行业发展服务产业的创新发展模式，将线上便捷的网络服务与线下体验经营有机地融合起来，提升了建筑装饰专业服务产业发展能力。

3. 分析建筑装饰专业岗位，制订全新的人才培养方案

5G网络大时代背景下涌现出来的各类建筑装饰网站内容丰富、专业

行业背景深厚、专业服务理念新颖、产品功能齐全、技术水平专业精准。这些变革为建筑装饰行业人士、用户提供了更专业的交流与选择的平台。如今，有装修需求的用户足不出户，便可在线上通过各类门户网站比对，选择自己喜爱的风格形式、设计师、材料等，高效便捷。现在，网络成了最便捷、最务实的工具，消费者与设计师通过前期的线上交流，为后续的线下体验节约时间。这种线上线下的服务模式，是未来建筑装饰行业、产业的主导模式。职业院校应充分分析建筑装饰专业岗位需求，制订全新的人才培养方案。

4. 构建"工学结合，分层递进"的课程体系

深化校企合作模式，与行业的龙头企业、地方上有影响力的企业合作。改革现有的课程体系，结合建筑装饰行业的实际情况和建筑装饰专业的特点，构建本专业"工学结合，分层递进"的人才培养模式。

5. 改革教学内容，推行项目化教学

完善"工学结合，分层递进"的课程体系，改革教学内容，强调工学结合，突出学生的专业能力培养。在改革教学内容及教学方法上，遵循三个层次相互依存，紧密协作。第一层次以校内实训为特征，目标是培养学生的基本技能，即项目单元的设计与实现能力。第二层次以轮岗实习为特征，目标是培养学生的专项技能，即项目的设计与实施能力。第三层次以顶岗实习为特征，目标是培养学生的综合技能，即具体职业岗位所需的综合能力。

三、校企联合共建利益共同体，服务地方经济发展

1. 校企联合共建生产性校内实训中心

"5G+"网络大时代模式下，人们的选择呈现出多样性的特点，对室内空间需求有不同的要求，建筑装饰市场的需求也呈现出多元化、多样化的特点。因此，建筑装饰专业发展应充分贯彻"以人为本"的思想理念，真正沉下心去研究和把握消费者的真正需求，融入人文主义关怀，充分运用网络平台手段及技术，创造出更能服务人们的建筑装饰专业发展服务产业，设计出满足人们生活需要和心理需求的室内空间环境。积极与行业龙

头企业合作，共建生产性校内实训中心，是培养合格的建筑装饰专业人才的保证。

2. 校企共建技术研发中心

建筑装饰专业发展服务产业文化应立足本体，传承中国特色的文化底蕴，为建筑装饰专业发展服务产业注入新鲜的血液。调整并改良建筑装饰专业发展服务产业的发展结构，从实际需求出发，拓展思路，精益求精，使建筑装饰专业发展服务产业有效衔接起来，由线下服务向线上服务靠拢，实现项目流程规划、设计、施工等各个阶段的合理化与精细化，提升客户对设计产品的满意程度，实现建筑装饰行业的可持续发展。积极进行校企共建技术研发中心，适应时代变革。

3. 校企共建校外实训基地

培养具有一定实践能力，可以服务于一线的高技能建筑装饰专业人才是中职学校的工作目标。新的时代背景下，共建校外实训基地成为教学质量保证的条件之一。校外实训基地是建筑装饰专业建设的重要组成部分，也是锻炼学生实际操作能力的最佳场所，对重技能、重实践的技术应用型中职学校建筑装饰专业人才实践能力的培养起到极其重要的作用。

四、打造"双师型"教师队伍，提升专业教师技术服务能力

1. 教师到企业实践学习，提升服务技能

面对职业教育发展的崭新形式和技能型人才培养的迫切要求，建立"双师型"教师队伍和不断提升教学素质迫在眉睫。教师每年到企业实践学习提升服务技能对提高教师自身教学素质起到重要作用。

2. 专家指导提升专业教师技能

邀请本行业专家成立中职学校的专业指导委员会。教师与专业指导委员会共同制订培养方案、研发教材、授课、指导实训。引入行业、企业专家在学校内建立名师工作室，借助名师的影响力争取项目，并由名师专业教师做项目，确保教师的教学水平在行业中处于领先位置，借用行业内部的资源提高教师技术能力。

工艺美术专业发展服务产业的研究

一、工艺美术专业发展服务产业的内涵

中国工艺美术是全人类历史文明发展的重要成果，也是中华民族五千多年的文化结晶。不同时期的工艺美术都具有各个时代政治、文化、经济、民俗的特征，不仅丰富了人们的精神文化生活，促进了文化交往和民族大融合，更是对弘扬中华优秀的民族传统文化具有非常重要的意义。随着时代的变迁和发展，高速交通和信息化技术使人类的生活迈入一个新阶段，世界不同的民俗文化大交融、大碰撞，传统的中国工艺美术如果不创新、不发展，势必逐渐消亡。因此，技艺传承和创新发展中国工艺美术更是当代工艺美术从业者的使命担当。

1. 培养工艺美术专业技能型人才，为地方经济建设提供优质人力资源支撑

作为培养工艺美术行业继承人和人才储备的职业教育机构，如何更好地助力全面推进行业转型升级，促进工艺美术行业的持续、健康发展，紧密结合发展当地服务产业，是当前职业院校工艺美术专业的重要任务。应当持续深化教育教学改革，企业人才岗位需求就是专业培养方向和标准。构建产教深度融合、校企协同育人、完善需求导向的人才培养模式，为服务地方经济社会发展，推动高质量发展，促进地方经济建设提供有力的技

术技能人才支撑。

根据产业需求确定办学方向，举办内部质量保证体系诊断与改进工作专题培训会。以企业人才需求为诉求核心，开展职业院校内部质量保证体系诊断与改进，提升人才培养质量。精准把握办学理念、办学定位、人才培养目标，聚焦教师队伍与建设、课程体系与改革、课堂教学与实践等。完善提高，更好地加强校企合作、产教融合，提高技术技能人才培养质量，服务地方产业转型升级。

2. 积极面向社会开展工艺美术专业职工培训技能鉴定，提高劳动者素质

职业院校应围绕工艺美术可以开展的职业技能鉴定项目开展技术培训，及社会服务工作开展服务，抓住国家人才振兴战略契机，紧贴行业发展，拓展工艺美术专业的职业技能鉴定范围。对接好劳动与就业保障机构、行业职业资格鉴定等委托鉴定机构，构建岗位技能鉴定培训体系和加强师资队伍建设，不断完善鉴定工作的质量管理机制，确保考评的含金量。

积极开展校外的职业资格培训和鉴定工作，树立良好的鉴定信誉，推动工艺美术行业人才团队的培养，提高鉴定工作的能力水平，支撑工艺美术行业的产业发展。探索学习国际先进的培训和鉴定技术方法，借鉴发达国家成熟的职业技能鉴定管理经验，利用国际上的技术交流与合作项目，提高职业技能鉴定管理人员的水平和能力，努力与职业技能鉴定的国际惯例接轨。为社会服务，为培养工艺美术行业、企业需要的高技术人才服务，做出产业化的特色和亮点。

3. 通过与企业合作成立工艺美术专业技术研发中心等形式开展技术服务

"校企合作"是职教发展的大趋势。它是职教院校与企业双方以共同发展的愿望为基础，以人才、效益、技术为合作点，达到双赢的目的的合作。企业希望学校为其提供技术支持，协助企业进行产品研发、生产设备维护和改造等工作。学校希望通过校企合作来接触生产前沿的技术和产品，提高专业教师的技能水平，拓宽教师的专业视野，培养教师和学生的

创新能力，为学校的进一步发展提供助力。研发中心通过研发活动为教学科研服务，通过与企业合作开发项目、开展技术服务，成果转化为企业取得经济效益，学校取得社会效益。

通过校企合作研发项目，加深双方的了解，包括各自的技术能力、研发能力，对方的需求等。学校通过这样的工作，可以了解自身实力，掌握专业教师各自的特点，从而能够将教师下企业这一工作精细化、精致化。教师通过这一工作，可以提升自己的专业能力，掌握本专业的行业前沿信息，更好地为教学服务。虽然使用了"研发中心"这一名词，但是中等职业学校建设研发中心有自身的特点。它不同于大学或者企业的研发中心。职业学校的研发中心是属于学校的基层学术组织，是跨学科的资源共享平台，是学校专业教师接触前沿科技的窗口，当然，也是为企业服务的平台。

二、提高工艺美术专业服务产业发展能力的探索

1. 创新校企合作机制体制，构建校企合作平台

创新校企合作机制体制，构建校企合作平台。合作平台的主要职责有：一是开展产业调研，为政府及相关部门制定产业规划和产业政策提供决策依据和建议；二是传承保护传统工艺美术技艺品种，征集收藏优秀传统工艺代表作品，研究濒危品种技艺抢救保护对策；三是推动产学研合作，利用学校的人才科研优势，以生态环保为原则，开展新材料、新技术、新工艺、新设备研发，实现科研成果的转化应用；四是搭建产业跨界融合平台，开展产业技术服务咨询，推动产业转型升级；五是开展对外学术交流、研修培训和展评活动，提升现有产业人才的素质。

2. 加强工艺美术专业建设和改革，提升专业服务产业发展能力

市场化特色园区平台推广。坚持市场化办学理念，校企合作产业化教学和项目相结合。充分发挥市场需求和人员使用在资源配置中的决定性作用，通过学校组织，积极参与到文创产业园区、文化旅游特色小镇、电子商务、公共服务等平台，促进工艺美术专业紧跟产业化发展，增强专业建设，助力行业发展。借力政府的文创政策扶持，积极参与企业的商业项

目。加强对传统工艺美术品种、技艺的保护与传承，积极引导工艺美术企业运用现代新技术、新工艺、新材料，创新思维，促进行业提升发展。利用网络资源和信息化技术，在校内学生中开展创新创业培训，积极引导在校学生实践创新创业活动。传统工艺美术企业走特色发展之路，突出品种、技艺、地域和民族特色，提倡小而精、灵活的生产和经营方式。进一步推进 SYB 创业培训，让更多的工艺美术专业学生利用资源和企业平台开展自我创业活动，健全后台的服务体系。

3. 构建"工学结合，分层递进"的课程体系

"分层递进"式实践教学体系基本框架和教学方案构建。建立理论与实践相结合、实践与理论同步"分层递进"的实践教学体系基本框架。

工艺美术专业教学计划方案一般分四个层次构建，即公共基础课、专业基础课、专业课和毕业实习。这四个层次的学习内容是递进关系，后面层次的学习内容与前面层次的学习内容具有关联性。随着层次的递进，知识和技术的融合度和综合性也越来越高。学生在专业课程三年的学习过程中循序渐进地学习理论知识和技能才能达到良好的效果。鉴于以上专业学习客观规律，工艺美术专业可以构建"分层递进"、实践技能项目训练与理论课程学习同步的实践教学体系基本框架，形成实践教学与理论教学相互协调、相互渗透、自成系统的独立体系。

建立"一线、两主体、四层次、四环境"多层次递进的实践教学方案。"一线、两主体、四层次、四环境"多层次递进的实践教学方案的具体内容是实践教学过程以工程技术应用能力培养为主线，学校和企业两个主体协调合作完成实践教学内容，形成基本技能训练、专业基础技能训练、专业综合技能训练、工程综合训练四个层面，并分为课内和课外、校内和校外四个环境实施展开。首先，以工程技术应用能力培养为主线，根据各个层次的理论学习和技能训练的要求，合理策划各个层次的实践教学项目；根据每个技能训练项目预期所能达到的效果，选择恰当时段、教学环境和优良的教育资源进行规划设计。其次，实践教学主要保障措施构建，建立紧密的校企合作制度，制定以章程、工作条例为形式的合作组织管理制度；在技术管理层面，建立学校教师和企业技术人员协调合作的教

学实践指导委员会，制定制度规范，如建立实践教学内容定期审查制度、实践教学考核制度、实践教学质量定期评价制度等；在现场实践层面，建立学校带队老师与企业现场师傅合作小组，并制定制度规范。

建立工学结合的"双师型"实践教学师资队伍。选派没有企业实践经验的青年教师到合作企业进行为期一年的实践；组织教师团队，深入企业解决工程实际问题，在开展科研工作的同时积累工程实践经验；扩大外聘兼职教师在任课教师中所占的比例，积极聘请合作企业专家、技术能手来校上课或短期讲学。

加强校企合作实训室和实习基地建设。实训室和实习基地是重要的教学资源，必须满足实践教学的需要。企业在校内建立真实工作任务的校内实训室，在校外建立多个不同企业的实习基地，使学生获得的技能具有通用性。学生通过在设计和制作不同工艺美术作品环境的实习，使技能训练具有多样性，综合职业素养得以全面提升，在企业岗位多样性中获得通用性。

4. 改革教学内容和教学方法，推行项目化教学

工艺美术专业课要摆脱简单的"师徒制"模式，让培养出来的学生都能"胜任工作"。工艺美术专业课教学设计和教学方法都必须打破传统的课堂模式，使教学过程工作化，而教师要有意识地将相关专业知识按照实际工艺制作过程展开，让课堂成为工作室或工厂，从而提前让学生做好本职业的准备工作，学习职业知识，构建职业技能体系，培养创新意识和工作中必要的团队精神。项目化教学正是有效解决以上问题的一种很好的教学模式。

项目化教学是 20 世纪杜威提出的以建构主义理论为支撑，在德国最早实行的一种教学方法。它把教材和职业相结合，将教学任务处理成与职业岗位相关的项目。围绕这个项目，整个教学活动的开展是以学生为主体、教师为主导的。这个项目的确定，必须将学科教学内容的理论知识和实际操作技能结合在一起，并与当前企业实际生产过程或本地区的商业经营活动有直接的关系。在难度设计上，对于中职生来说，"项目"的确定应该有一定的挑战性，要防止太容易或太难，应根据授课教师和学生的实际水平设计。在解决问题的过程中，项目教学法不仅要求学生能运用以前

学过的知识和技能，还要求他们运用新学习的知识和技能，解决过去从未遇到过的实际问题。

中等职业学校工艺美术专业的培养目标是紧紧围绕市场的需求，强调应用与操作能力的培养，不仅让学生掌握艺术的形式、造型、语言、整体效果、工具使用、材料选择等，而且使其能够学会观察、比较、想象、创造、操作、应用等方法与技能，掌握就业所需的专业知识与专业技能。这就要求任课教师要有认真负责、积极向上的态度，才能培养出较高素质的工艺美术专业人才，确保人才质量，使学生学有所成、技有所用，绝不能重理论、轻技能或只强调单纯的技能。要让学生得到均衡发展，就要求教师的教学方式要能激发学生的学习兴趣，教学内容要更贴近就业需求，以此提高人才质量和学生的就业适应能力，让学生毕业后可以胜任职业技术岗位。

首先，除专业理论课外，所有的技能课程都要求学生动手操作，"从做中学"是学生形成自己实践经验的根本途径；其次，每一次的课题任务都必须是围绕工艺美术制作而设计的，学生发现问题、解决问题的学习过程具有市场价值和生产可能，有明确而具体的成果展示；最后，所有课程目标的设计，都是围绕着学生未来的工作岗位，把现在学习到的理论技能和实际技能结合在一起。除上述之外，在作业过程中，每位学生都有独立计划工作的机会。

项目化教学是师生通过共同实施一个具体的、完整的项目工作而进行的教学活动，或师生通过共同实施某个项目而进行的教学活动，通过项目教学完成一件产品或提供 项服务。

项目化教学的指导思路是由学生独立完成一个相对独立的项目，包括资料的收集、方案的设计与实施，到完成后的评价。老师将课程的所有知识点和技能点进行重新整合之后规划新的教学内容，选定项目，遵循学生主体、教师主导的原则，指导学生以小组方式独立自主完成项目任务，以提高学生实践能力的教学方法。

项目化教学是"以行动为导向，以项目为载体，以任务为驱动，以能力培养为目标"作为教学设计理念的。教学的重点是通过教师主动引导学生去动手实践一个完整项目的整个进程。其步骤为情景导入、明确任务，收集资料、制订方案，自主协作、具体实施，点拨引导、过程检查，展示成果、修正完成，评估检测、拓展升华六部分。最终目标是在学生掌握课程理论知识的基础上，进一步提高学生的项目实践技能。最大的优势为极大地强化了学生在专业领域的单项技能。核心为项目的实际工作过程，将课程需掌握的知识点、技能点与项目任务联系起来，即学生在理解理论知识的同时提高了自己的实践操作技能。项目的选择往往是老师通过对实际生产中的某些问题或任务进行模拟而确定的，与学生未来的职业生涯直接挂钩，具有极强的实践性和实际性。项目涉及的知识具有很强的针对性和普适性，工艺美术专业采用项目化教学方式是十分必要的。

三、校企联合共建利益共同体，直接服务地方经济发展

1. 校企联合共建生产性校内实训基地

校企共建的生产性校内实训基地解决校企深度合作的问题，共建的生产性校内实训基地能够持续稳定的发展。在校企共建生产性校内实训基地建设前要做好调查研究和顶层设计，建立依托职业学校工艺美术专业优势和行业、企业、产业优势较为集中的生产性校内实训基地，注重校内实训基地要有一定的生产规模，在企业的支持下保持稳定的生产计划和合理的用工需求，有规范的管理，有技术研发和质量控制的部门，能为学生岗位学习提供更多的岗位和更复杂的工作任务，激发学生岗位学习的积极性。

同时，企业对校企共建的生产性校内实训基地，要进行系列规划与设计，根据工艺美术专业岗位设置方向的不同，建立不同的校企共建生产性校内实训基地。实训基地可以依据生产计划、工艺美术专业学生就业岗位不同，制订不同学校来基地实训教学的计划安排，这样既可以解决不同企业生产季节不一致的问题，也可以解决职业院校学生单一基地、单一岗位学习时间过长的问题。

2. 校企共建技术研发中心

通过校企合作，将企业的真实研发项目乃至技术研发中心引进学校，与企业共同研制新产品、新工艺和新材料，关系到工艺美术专业发展服务

于地方产业的直接贡献率。对校企共建技术研发中心的模式和途径进行磨合与发展，以校企合作共建技术研发中心的研发项目为抓手，以师资团队建设为核心，能够不断提升学院的产学研水平，不断提高办学质量，培养出高素质的高技能人才。

3. 校企共建校外实训基地

建设工艺美术专业校外实训基地，开展校企深度合作，联合不同企业，建设不同工种的校外实训基地，可以助力于培养学生的综合职业素养，助力于学生专业技能的提升，校外实训基地建设是校企合作加强产学研融合发展的必然途径。校外实训基地可以搭建校内学生走向企业工作岗位的桥梁，通过企业的实际岗位来深化学习专业能力，真实的岗位实践活动还可以让学校走向社会，缩短适应社会的时间，使老师的科研成果，间接的伴随行业转化为生产力，服务于社会实践，达到学校和企业的共赢，增强学生的实践技能和职业素养。建立校外实训基地，让学生面向专业的一线岗位，掌握岗位工作流程，了解工艺品的市场现状，通过不同的工作岗位，学习和了解其他工艺美术品的知识、操作岗位的技能标准和要求。面对这种职业化的情景，学生能够更加融入实践中，促进学生对技能更好地掌握。

四、打造"双师型"教师队伍，提升专业教师技术服务能力

1. 教师每年到企业实践学习，提升服务技能

专业教师开展下企业实践活动，深入企业生产一线历练是非常重要和必要的。教师在学校传授学生知识和技能，活动范围和视野较为狭窄。虽然有时带领学生参与企业生产活动，但只是进行简单的观摩，专业性不强。因此，教师传授给学生的知识，大多只是书上的"理论知识"，实践环节较少，学生体会不深。这种状况，正是"无源之水，难免枯竭"这一道理的体现。近年来，按照国家中职教育政策，专业教师除教学以外到企业实践逐渐成为一种常态。通过现场观摩、技能训练、专题讲解、交流研讨等形式，重点了解企业生产组织方式、工艺流程、产业发展趋势等基本情况，熟悉企业相关岗位职责、操作规范、用人标准及管理制度等具体内

容，学习所教专业在生产中应用的新知识、新技能、新工艺和新方法，增加对企业生产和行业发展的了解，并结合企业实践改进本专业的实践教学。通过下企业实践，逐步形成与现代职业教育发展要求相适应的教学理念，在校内和校外更好地提升个人专业服务技能。

2. 企业派专家、名师到学校，引领提升专业教师技术服务能力

通过校企合作，企业专家和技能名师进学校活动，充分发挥国家级技能名师的重要引领作用。通过交流合作，企业专家和技能名师承担起培养高技能人才、高技能专业教师的社会责任，高技能人才的培养既要注重提升技能层次，更要提升实际工作能力，核心是要实现与企业岗位实际应用的对接。企业专家和技能名师进校园，深化高技能领军人才培养的可行性，积极推进学校专业建设、课程建设、师资队伍建设和实训项目研修交流、技术攻关等活动，推动技术技能传承与创新，为引领提升专业教师技术服务能力发挥重要作用。

五、结语

工艺美术产业是美化人民生活、传播民族文化、推进文化建设、解决社会就业和促进经济发展的重要产业，也是资源消耗低、产出效益和文化艺术附加值高的绿色环保产业。通过市场拓展手段及多策略的市场推进体系，可使工艺美术真正走进公众生活，形成适应现代市场经济体制的产业新模式。工艺美术的产业化，立足于工艺美术自身的特点，从不同角度探讨和分析当前的产业状况，从中既凸显工艺门类的特征，又寻求通用的方法，使之更好地促进工艺美术产业的发展。另外，采用举办传统工艺美术节会活动、传统手工技艺和非遗项目创办生产性工作室、名师和非遗传承人带徒授艺等多种方式，让传统工艺美术和非遗项目"活"起来，也是尽快走出传统工艺美术和非遗人才青黄不接、后继无人困境的一种重要观点。工艺美术产业化是庞大而复杂的工程，有关研究尚在初步阶段。但对从事工艺美术理论研究的学者，以及从事工艺美术产业实践的业内人士而言，促进工艺美术产业的跨越式发展是业界的美好心愿。期望通过工艺美术产业化的研究，探寻出适合工艺美术产业发展的道路。

广告设计与制作专业发展服务产业的研究

一、广告设计与制作专业发展服务产业的内涵

1. 培养技能型专门人才，为地方经济建设提供优质人力资源支撑

国民经济的快速发展，为广告设计与制作专业的发展提供了广阔的空间。随着社会对广告设计与制作专业人才需求的增加，中等职业教育界对广告设计与制作专业教育的重视程度也在逐渐加强。目前，该专业在课程设置和教学模式的改革上已经取得了一定的成绩。但是，从市场的反应情况来看，我国中职学校广告设计与制作专业的毕业生仍然不能够适应企业对人才的要求。该专业是实用性强、市场需求变化快的专业，如何使该专业更好地适应市场需求，合理搭建知识结构，组织专业知识内容，培养高级广告设计、创意、策划人才，成为广告设计与制作专业必须面对的首要课题。

2. 积极面向社会开展广告设计与制作专业职工培训技能鉴定，提高劳动者素质

职业技能鉴定是我国政府或其委托的鉴定机构，为认证社会劳动者的职业资格，以职业标准要求的操作技能为主要内容，以统一的标准和规范进行的鉴定和考核。通过职业技能鉴定的合格者可获得权威部门认证和颁发的作为就业凭证之一的职业资格证书。这是"在全社会实行学历文凭和

职业资格证书并重的制度"的基础。积极面向社会开展广告设计与制作专业职工培训技能鉴定，按标准培养专业人才，提高劳动者素质。

3. 通过与企业合作成立广告设计与制作专业技术研发中心等形式开展技术服务

在 20 世纪早期，包豪斯学院刚刚成立时，创办者格罗佩斯就直观地表达了自己的教学观点。他提出，艺术家、工业企业家、技术工人是合作的关系。学校要加强与企业的联系，将企业的实际项目当作课堂的教学案例。格罗佩斯的观点就是现代"校企合作、工学结合"的教育理念，也是教学中的"项目化"教学的起源。因此，学校通过与企业合作成立广告设计与制作专业技术研发中心，能很好地培养以社会需求为导向的专业技能人才，为学校培养人才提供技术服务。

二、提高广告设计与制作专业服务产业发展能力的探索

1. 不断创新校企合作机制体制，构建校企合作平台

校企合作，是我国中职教育改革和发展的基本思路，也是职业院校生存发展的内在需求。学校按照"战略合作、校企一体、产学链接、共建共管"的原则，进一步完善校、专业群、专业三级校企合作体制。从校企合作组织结构、资金和制度保障、政府支持等方面促进校企深度合作关系的形成和可持续发展，真正达到校企相互渗透和融合，形成人才共育、过程共管、成果共享、责任共担的局面。

2. 加强广告设计与制作专业建设和改革，提升专业服务产业发展能力

突出专业特色，优化专业和学科的整合课程设置。具体来讲，广告设计与制作专业的课程设置问题，就是一个专业定位的问题。广告来源于市场，营销学、市场学应该是广告学的启蒙课程；广告离不开产品，操作管理、流程管理应该是广告设计学的必修课程；广告面向消费者，消费行为学、消费者心理应该是广告学的重要课程。只有打好这些基础，才能学好广告学、广告创意、广告策划等。特色鲜明，有自身的专长，能精通某一领域，这是课程设置的重点。此外，还要根据学校的办学背景、教学资源、地域经济等进行合理的课程设置。

3. 分析广告设计与制作专业岗位能力，制订全新的人才培养方案

本专业学生毕业后，主要到各类电视、广播、报纸、杂志、网络等传媒单位，从事各类广告的创意、策划、制作及广告经营管理等工作，也可从业于各类企划广告公司及各种涵盖了大众传播业务的经营实体。

4. 构建"工学结合，分层递进"的课程体系

工学结合教育模式是指高校和相关企业在共同育人方面遵循平等互利的原则进行优势互补的合作。工学结合教育模式以培养学生的整体素质、综合能力为切入点，遵循职业教育发展规律，采取学校和企业共同制订人才培养方案，充分利用学校和企业不同的理论和实践教育资源，让学生享受双方优势教育资源进行理论学习和工程实践。学校和企业两个主体协调合作完成实践教学内容，形成基本技能训练、专业基础技能训练、专业综合技能训练、广告综合训练四个层面，并分为课内和课外、校内和校外四个环境展开实施。具体做法是：首先，以广告设计与制作应用能力培养为主线，根据各个层次的理论学习和技能实践的要求，合理策划各个层次的技能实践教学科目；然后，根据每个技能实践教学科目预期所能达到的效果，选择恰当时间、教学环境和优良的教育资源进行规划。

5. 改革教学内容和教学方法推行项目化教学

传统的广告设计与制作专业实验教学，往往局限于理论验证式的实验和专门的技能训练，存在主题单一、主题设计随意等弊端。根据文化创意产业应用型创新性人才培养的需要，结合广告设计与制作专业的特点和发展趋势，在注重基础性实验教学的同时，我们可以对工作室项目化教学模式进行探索。按照不同专业方向组建多个工作室教学群模式（如广告设计工作室、CI企业形象工作室、广告策划工作室等），工作室可以按照广告公司和企业的流程进行运作，并以各工作室为基本框架构建教学群，形成一个相互关联、网络状分布的教学知识平台。让学生能够有更充裕的时间来进行实践锻炼，并且打破各年级之间的"围墙"。在"工作室项目化教学模式"中，学生变成了主角，不再是知识信息的被动学习者，而是在与伙伴、教师和实践的交互作用中，主动构建自身的能力体系和知识。发挥学生学习主动性，超越了传统教学中的被动性与依附性，能够对教学内容

进行主动、自主的选择。在质疑、讨论、探索过程中，学生学会了"学习"和创造。这也是文化产业比较繁荣的发达国家和地区院校的成功经验。

三、校企联合共建利益共同体，直接服务地方经济发展

1. 校企联合共建生产性校内实训基地

与企业合作建立校内实训基地，创建工作室。院校为工作室提供配套的物质设施建设，比如广告制作相关的设备，同时，工作室为学生提供广告设计相关的操作技能。校内实训基地的创建目的在于启发学生的设计思路，培养学生的实际操作能力，学生可以在实训基地中了解并掌握设计的全过程，全面培养学生的综合能力，为学生未来从事广告设计与制作专业打下坚实的基础。在校内实训基地中，采用企业的真实项目，而不是虚拟的课题，学生按照企业的要求进行设计与制作，专业设计师对学生的设计进行把关，这样可以培养学生服务客户的意识，减少在广告设计过程中的盲目性。在实训基地进行某一课题时，可以指派学生进行市场调查，撰写调查报告，由教师指导并对报告进行分析研究，制订初步的广告设计方案，而后由专业的设计师对方案进行指导，经过评比后，对于优秀作品，企业可以给予采纳。通过校内实训，学生的广告创造积极性可以得到激发，在锻炼应用能力的同时，学生也可以明确自己的身份，真正地把自己看作一个设计环节中的参与者，充分考虑各种因素，如客户要求、价格成本等，这样便可以让学生提早了解未来工作的内容，正确处理好理论和实践之间的关系，为今后参加工作奠定良好的基础。

2. 校企共建技术研发中心

随着教改的深入，现有的校企合作模式已经难以满足校企双方发展的需求，校企共建技术研发中心是在校企之间搭建深度合作的平台。

（1）弥补校企合作机制的缺失。当前校企合作是校企之间依托各自诉求结成的利益共同体，双方对利益追求各异。企业希望学校提供人力资源，降低用人成本，提供技术支持；学校希望企业能够对学生进行有计划的培训，提高教师的技能水平，培养创新能力。共建技术研发中心搭建了

企业与学校的合作桥梁，满足校企双方的利益需求，为校企合作实现共赢发挥作用。

（2）提高教师进企业的实效性。专业教师下企业实践是行政强制要求，也是职校推进教改的措施之一，但在实际操作中面临诸多问题。实践过程流于表面，难以在专业上有收获。技术研发中心能使教师真正参与企业产品研发，接触到先进理念和先进技术。

（3）解决学校课程开发与企业生产实际脱节问题。职业学校教学内容的选择直接影响教学成败，对于内容的选择，企业最有发言权。专业教师只有直接参与企业产品研发，与企业建立广泛而密切的联系，才能把握本行业的运作和发展情况，掌握本专业的最新技术。

3. 校企共建校外实训基地

校企合作建校外实训基地，关键是解决好企业的积极性问题。让企业主动参与到中职教育的教学过程中来，培养受企业欢迎的高素质技能型人才。校外实训基地是学生直接参加生产和顶岗实习的场所，产学研结合、相对稳定是创建校外实训基地的基本原则。校外实训基地的稳定运行，至少需要两个机制。一是效益机制，学校、企业共建校外实训基地的目标要明确协同，利益要互惠均沾。二是评价机制，校外实训基地的运行，要通过行业协会建立量化评价指标，从校外实训基地的建立、协议的履行、运行的效度等方面进行百分考核制或星级评定，对考核结果好的企业要给予企业税收、信贷等方面的优惠。当然，国家通过政策导向，营造利益驱动环境，让企业和学校捆绑发展，更有利于校外实训基地的稳定运行。学校要设立专门的管理机构，打造服务团队，从实训师资培训、实训项目开发、重要课题的校企协作、互派互兼工作的开展等方面精心经营，把校外实训基地建成学生顶岗实习的重要场所，企业职工培训、技能鉴定、员工技能竞赛的平台，宣传企业品牌价值、传播企业文化的重要载体。校企各有所用，互有所求，校外实训基地才能持久稳定运行。

四、打造"双师型"教师队伍，提升专业教师技术服务能力

1. 教师每年到企业实践学习，提升服务技能

学生的职业素养和职业能力越来越被用人单位注重，而师资队伍的职

业素养是学校能否培养符合要求的人才的重要保证，所以对于职业教育教师而言，企业实践成为提高自身教学素质的一项重要课题。这是适应职业教育改革发展新形势，加强职教教师队伍建设的迫切需要，对于创新和完善职教教师继续教育制度，优化教师的能力素质结构，建设高水平的"双师型"教师队伍，促进职业教育教学改革和人才培养模式的转变都具有十分积极的意义。各地要进一步解放思想，积极探索，勇于创新，扎实工作，加快推进中等职业学校教师到企业实践工作的规范化、制度化。

2. 企业派专家、名师到学校，引领提升专业教师技术服务能力

针对专业核心技能和就业岗位群，依托校企合作，聘请企业专家、名师进校园授课，通过行业名师的引导示范，营造浓厚技能学习氛围，促进校园文化与行业文化的融合，达到合作交流、相互促进、共同发展的目的，进一步推动教研工作向规范化、科学化、常态化发展，以研促教，全面提升学校教育教学质量，提升专业教师技术服务能力。

服装设计与制作专业发展服务产业的研究

一、服装设计与制作专业发展服务产业的内涵

1. 培养服装设计与制作专业的高端综合型人才，为地方经济建设提供优质人力资源支撑

随着社会的快速发展，服装行业对专业人才的需求也在不断增加，且行业人才需要掌握的专业知识面也越来越广。除了基本的专业知识与能力，还需结合当地的实际情况，掌握更多具有指向性的专业技能。如广西分布着众多的少数民族，有许多民族的服装、服饰列入非物质文化遗产的名录中。而受现代人生活方式改变和现代工业技术发展的影响，传统手工艺受到极大的冲击，各种代代传承的文化遗产在逐渐消失，并因后继无人而濒临消亡。如何为民族服装服饰或是带有民族元素的服装服饰找回市场，服务于地方经济发展，重燃它的生命力，也是一个急需研究解决的问题。

2. 积极面向社会开展服装设计与制作专业职工培训技能鉴定，提高劳动者素质

通过为社会企业员工培训，使更多的服装行业从业者取得专业行业认证的职业资格证书及相关的技能鉴定证书，提升服装产业的持续发展能力。积极培养高素质的专业技术人员，提高服装行业劳动者的整体素质。

3. 通过与企业合作开展服装设计与制作专业技术服务

实现教学要求与企业岗位技能要求对接，实现专业课程内容与服装行业职业标准对接，引入企业新技术和新工艺，校企合作共同开发专业课程和教学资源，让企业人员参与教学活动，并有针对性地指导学生，提早为企业服务做好辅助准备。

推进校企对接，创新人才培养模式，提高人才培养质量。根据地方产业需求定位人才培养目标，加强校企合作，确立综合专业能力培养的核心地位。

二、提高服装设计与制作专业服务产业发展能力的探索

1. 不断创新校企合作机制体制，构建校企合作平台

国家高度重视职业教育的改革创新，要求职业教育要贴近地方产业发展，加快产业转型升级，提高技术技能人才培养质量。因此，必须坚持以服务为宗旨、以就业为导向，产学研结合发展，创新校企合作体制机制，坚持"工学结合、校企合作"的人才培养模式，积极探索"引企入校"的合作模式，提升学校专业建设水平、实践育人能力和产业服务能力，加强高素质技术技能型专门人才培养，为地方产业发展提供优质人才资源。

2. 改革教学内容和教学方法，推行项目化教学

专业建设是学校教学工作与社会需求紧密结合的桥梁与纽带，是提高人才培养质量和就业竞争力的关键。学校要提升专业服务产业发展能力就必须加强专业建设，加大教学改革力度。

（1）制订应用型技能型的专业人才培养方案。学校按照专业群对接产业链、专业对接产业、课程对接岗位的要求制订专业人才培养方案，最大化地实现学历教育与职业资格教育的零距离对接，一并实现专业教学要求与企业岗位技能要求的对接。

（2）构建"工学结合，分层递进"的课程体系。按照专业基本能力、专业核心能力、专业可持续发展能力三个递进层次。首先，确定各专业的就业岗位及其支撑课程、实践活动和应获取的职业资格证书，明确核心工作岗位典型工作任务职业能力要求，根据典型工作任务确定学习内容、知

识与能力、考核办法等。然后，按照学生职业岗位能力从初学到熟练的成长过程，由浅入深构建模块化课程体系，把前沿的技术要点、最新的市场信息和职业岗位需求融入教学中，将教学与生产融合，培养出适应产业发展需要的专业综合型人才。

（3）进行教学模式、教学方法和教学手段改革。首先，推行"边教边学，边学边练，边练边做"的一体化教学模式；其次，推行师生互动式、探究式、合作式教学，使师生互动与问题探讨有机结合，将教师授课、实践操作、探讨交流融为一体；最后，倡导教室功能转变和教学环境延伸，做到理论课堂、校内实训、校外实践"三个课堂"相结合，充分发挥校内、校外在人才培养中的支撑作用，加强学生职业技能训练，培养高技术高技能的专业人才。

三、校企联合共建利益共同体，直接服务地方经济发展

1. 不断创新校企合作机制体制，构建校企合作平台

校企合作，提升产教融合深度，提高专业建设水平，是提升专业服务产业发展能力的必然要求。

建立校级和系级两个层面校企合作并行的"双轮驱动"合作体制，实现两个层面校企合作体制机制的全面改革。拓展学校与行业、企业、事业单位之间的合作渠道，搭建学校、地方、行业和企业的合作交流平台，与不同的行业相关企事业单位建立校企合作规划、合作治理、合作培养机制，开展多种形式的合作，实现双向参与、双向服务、双向受益。各专业应主动邀请当地与专业建设有关的部门、行业、产业相关领导、专家和成功企业家参与新增专业论证，会同行业、企业跟踪市场，适应市场，努力做到专业教育与职业教育相结合。通过各种渠道形成校-校、校-企、校-政等合作模式，将人才培养与行业、企业生产服务流程和价值创造过程相整合，增强办学活力，提升专业服务产业发展能力，走出一条"人才共育、过程共管、成果共享"的校企合作、工学结合的道路。

2. 校企共建技术研发中心与实训基地

利用师资、校内实训基地、工作室等，在科研方面帮助企业解决在生

产技术研发中遇到的实际难题，将企业掌握的新技术、新技能及时地传授给学生，使学生所学知识与企业生产完全对接，能尽快地为服装行业和社会服务。

学校为社会和企业提供服装生产、设备操作与维护等知识，提供应用项目研究、科技成果推广、生产技术、科技咨询和产品开发等服务。校企联合开发、打造品牌，促进民族文化与本土文化的信息传递，共同进行服装产品资源的开发。

四、打造"双师型"教师队伍，提升专业教师技术服务能力

提升专业服务产业发展能力，不仅要抓好专业建设，更重要的是要有一支理论基础扎实、专业实践能力强、教学水平高、师德高尚、具有较强教研和科研能力的高素质"双师型"教师队伍。近年来，通过"引、送、带、鼓、炼、赛"等多种途径，提高学校"双师型"教师素质。"引"，加大对企业（行业）有丰富行业相关工作经验的高素质、高职称、强岗位能力等人才的引进力度；"送"，教师参加各类专业技能培训、企业顶岗锻炼、出国研修等，提升教师专业实践技能；"带"，校内老教师和青年教师一对一传帮带，以及校外职业技能专家与校内实践教学教师一对一指导，帮助青年教师和专业实践教学教师尽快成长、尽快熟知专业实践教学；"鼓"，鼓励教师参加各类执业资格和职业资格的培训与考试，对于"双师型"教师，在某些方面给予鼓励和政策倾斜；"炼"，对教师的假期社会实践锻炼作明确规定，通过社会实践锻炼，提升教师的职业能力；"赛"，通过各种教学技能比赛、专业技能大赛等活动，提高教师教学水平和专业技能。

加强教师队伍建设，提升教师教育服务与产业服务的能力。职业教育的教师既要有系统的专业知识，也要有较好的教育教学能力，还要有一定的专业实践能力，也就是要成为"双师型"教师。在"职业性"方面，要求教师具有洞察行业、企业发展动向的能力，以及培养学生使用新技术、新工艺和新设备的能力，提高学生的综合职业能力，完成职业教育培养技能型人才的目标。在"教育性"方面，要求教师具有一定的科研能

力，需要教师完善职业发展规划，加强专业理论知识的学习，总结相关实践工作经验，加强技术开发与创新，推进科技成果转化，主动适应区域经济发展方式的转变和产业结构的优化升级，主动为地区产业提供技术服务，切实解决企业的问题，满足企业的技术开发、技术创新需求。此外，教师还必须具有一定的社会服务能力，教师要根据地方产业发展需要，利用自身的专业优势，主动为地方产业提供相关培训，开展社区服务，甚至面向偏远地区进行对口支援等。

第十章

广西职业教育建筑装饰专业群一体化教学工作页开发研究

　　工作页是实施一体化教学的主要载体，能帮助学生构建结构完整的岗位操作工作过程，具有很强的指引性。通过校企深度合作，基于企业真实场景，以岗位任务为驱动，以项目为载体，以培养学生实操能力为目标，开发具有工作逻辑、知识技能递进、评价系统科学有效的建筑装饰专业群工作页，展现行业新业态、新水平、新技术，培养学生综合职业素养，实现专业课程教学内容与岗位工作任务所需能力的精准对接和匹配，提升实践教学环节比例，突出课程的职业针对性，实现基于工作过程的课程开发、以行动为导向的课程教学目标。

建筑装饰专业一体化课程教学工作页

一、室内模型设计与制作项目工作页

1. 任务描述

制作室内空间模型，如图 10-1、10-2 所示。

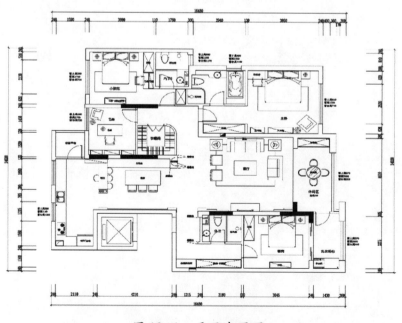

图 10-1 平面布置图

图 10-2　效果图

2. 学习目标

（1）了解模型制作的概念、发展，模型制作的材料及工具、设备，模型设计思路、制作工艺与制作步骤。

（2）掌握模型制作的方法和过程，思考根据不同的设计思路设计模型和制作模型的方法。在实践过程中培养独立思考、提出问题和解决问题的能力。了解运用各种模型制作材料的制作工艺；能够运用多种材料制作出合乎比例、形态优美的室内环境设计模型；掌握模型的涂饰工艺，为深入设计打下坚实的基础。

（3）培养严谨的工作作风和团队意识，以及不断创新的精神和良好的职业道德。

3. 任务分析

（1）任务需求分析。

收集相关资料，并制订效果图与模型设计方案。

（2）知识点分析。

清楚模型制作需要用到的材料和工具，以及模型制作的工艺流程和制作要点。

（3）主要的技术难点。

比例、风格要求、材料的切割和黏结等。

4. 相关知识链接

读懂设计图，分析平面图空间布局，做好模型制作的材料和工具的选择，结合本任务需要解决的问题，涉及了哪些知识和技能等。

5. 课程思政要点

教学过程中强调一丝不苟，认真对待课程任务，从课堂中开始培养学生的匠人精神。

6. 任务分组

表1　学生任务分配表

班级		组号		指导教师	
组长		学号			
组员	姓名	学号	姓名	学号	
任务分工					

7. 熟悉任务

任务 1：了解任务要求

如何反映内部空间（切开顶面便于观察内部）？对室内的家具和装饰要如何进行表现？

_____

_____

_____

_____

任务 2：设计图分析，制订设计方案

分析本任务平面图空间布局，如何制订设计方案？

_____

_____

_____

任务 3：了解模型制作的工艺流程和制作要点

对模型制作的相关资料和信息进行查询、收集。

_____

_____

8. 工作方案

任务 1：明确任务

_____

_____

_____

_____

任务 2：知识、技能学习

完成任务需要学习哪些知识和技能？

_____

_____

_____

任务 3：工作计划

完成任务需从哪些方面入手？

_____

_____

_____

任务 4：分工协作

小组人员如何分工，你本人承担什么任务？采取了哪些具体措施？关键环节如何保证？

_____

_____

_____

_____

任务 5：成果展示与评价

你准备如何展示你的学习成果，评价情况如何？

_____

_____

_____

_____

任务 6：意见反馈

老师和同学对你的学习成果有哪些评价？

_____

_____

_____

_____

9. 优化方案

任务 1：小组讨论，确定最佳方案

师生讨论并确定最佳设计方案，并依此制作模型。

_____

_____

10. 工作实施

任务 1：根据设计方案准备模型制作的材料和工具

模型制作的材料和工具有哪些？

任务 2：根据设计方案对材料进行切割

不同的材料应该怎么切割？用什么切割？切割要点是什么？注意事项有哪些？

任务 3：材料的黏结组合

根据设计方案进行材料的黏结组合，黏结组合的方式应注意什么？

任务 4：检验调整

模型全部做好后要根据图纸依次进行检查，对不符合要求的地方应进行修改、调整，直至达到要求为止。检查合格后用清洁工具进行清理，不允许留存加工的碎料、污垢、灰尘等。

---

11. 评价反馈

表 2　个人自评表

班级			姓名		日期		年　月　日
评价指标		评价内容			分数	评定	
信息检索		是否能有效利用网络、图书资源、工作手册查找有用的相关信息等；是否能用自己的语言有条理地解释、表述所学知识；是否能将查到的信息有效地传递到工作中			10分		
感知工作		是否熟悉工作岗位，认同工作价值；在工作中是否能获得满足感			10分		
参与态度		是否积极主动参与工作；是否能树立吃苦耐劳、崇尚劳动光荣和技能宝贵的思想；与教师、同学之间是否相互尊重、理解、平等；与教师、同学之间是否能够保持多向、丰富、适宜的信息交流			10分		
		是否能进行探究式学习、自主学习而不流于形式；是否能处理好合作学习和独立思考的关系，做到有效学习；是否能提出有意义的问题或能发表个人见解；是否能按要求正确操作；是否能够倾听别人的意见，协作共享			10分		
学习方法		是否有工作计划；是否能按要求正确操作；操作技能是否符合规范要求；是否获得了进一步学习的能力			10分		
工作过程		是否遵守管理规程；操作过程是否符合现场管理要求；平时上课的出勤情况和每天完成工作任务情况；是否能多角度分析问题，并主动发现、提出有价值的问题			15分		
思维态度		是否具有发现问题、提出问题、分析问题、解决问题的能力和创新意识			10分		
自评反馈		是否能按时按质完成工作任务；是否掌握了专业知识点；是否具有信息分析能力和理解能力；是否具备严谨的思维能力，并能条理清晰、清楚表达			25分		
个人自评分数							
有益的经验和做法							
总结反馈建议							

表 3　小组自评表

班级		组名		日期	年　月　日
评价指标	评价内容			分数	评定
信息检索	能有效利用网络、图书资源、工作手册查找有用的相关信息等；能用自己的语言有条理地解释、表述所学知识；能将查到的信息有效地传递到工作中			10分	
感知工作	熟悉工作岗位，认同工作价值；在工作中能获得满足感			10分	
参与态度	积极主动参与工作；能树立吃苦耐劳、崇尚劳动光荣和技能宝贵的思想；与教师、同学之间相互尊重、理解、平等；与教师、同学之间能够保持多向、丰富、适宜的信息交流			10分	
	探究式学习、自主学习而不流于形式；能处理好合作学习和独立思考的关系，做到有效学习；能提出有意义的问题或能发表个人见解；能按要求正确操作；能够倾听别人的意见，协作共享			10分	
学习方法	有工作计划；操作技能符合规范要求；能按要求正确操作；获得了进一步学习的能力			10分	
工作过程	遵守管理规程；操作过程符合现场管理要求；平时上课的出勤情况和每天完成工作任务情况；善于多角度分析问题，能主动发现、提出有价值的问题			15分	
思维态度	具有发现问题、提出问题、分析问题、解决问题的能力和创新意识			10分	
自评反馈	按时按质完成工作任务；较好地掌握了专业知识点；具有较强的信息分析能力和理解能力；具有较为全面严谨的思维能力，并能条理清楚明晰表达成文			25分	
小组自评分数					
有益的经验和做法					
总结反馈建议					

表 4 小组互评表

班级		被评组名		日期	年　月　日
评价指标	评价内容			分数	评定
信息检索	该组是否能有效利用网络、图书资源、工作手册查找有用的相关信息等			5 分	
	该组是否能用自己的语言有条理地解释、表述所学知识			5 分	
	该组是否能将查到的信息有效地传递到工作中			5 分	
感知工作	该组是否熟悉工作岗位,认同工作价值			5 分	
	该组成员在工作中是否能获得满足感			5 分	
参与态度	该组与教师、同学之间是否相互尊重、理解、平等			5 分	
	该组与教师、同学之间是否能够保持多向、丰富、适宜的信息交流			5 分	
	该组能否处理好合作学习和独立思考的关系,做到有效学习			5 分	
	该组是否能提出有意义的问题或能发表个人见解;是否能按要求正确操作;是否能够倾听别人的意见,协作共享			5 分	
	该组是否积极参与,并在产品加工过程中不断学习,使综合运用信息技术的能力得到提高			5 分	
学习方法	该组是否有工作计划;操作技能是否符合现场管理要求			5 分	
	该组是否获得了进一步学习的能力			5 分	
工作过程	该组是否遵守管理规程;操作过程是否符合现场管理要求			5 分	
	该组平时上课的出勤情况和每天完成工作任务情况			5 分	
	该组成员是否能加工出合格工件,并善于多角度分析问题,能主动发现、提出有价值的问题			15 分	
思维态度	该组是否具有发现问题、提出问题、分析问题、解决问题的能力和创新意识			5 分	
自评反馈	该组是否能严肃认真地对待自评,并能独立完成自测试题			10 分	
小组互评分数					
简要评述					

表5　教师评价表

班级		组名		姓名	
序号	评价内容			分数	评定
1	严格遵守考勤制度，没有迟到、早退、旷课现象			10分	
2	安全操作，做好防范措施，消除安全隐患，没有发生安全事故			10分	
3	有团队精神，互帮互助；能清扫工位，整理桌面，保持环境清洁			10分	
4	能够对绘图环境进行设置；了解掌握基本的绘图知识			10分	
5	独立完成平面图、立面图绘制，制图规范			30分	
6	完成学习心得			30分	
教师评价分数					
简要评述					

二、轻钢龙骨石膏板隔墙技能实训项目工作页

1. 任务描述

完成轻钢龙骨石膏板隔墙技能实训，如图 10-3 所示。

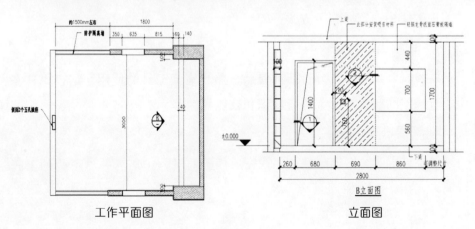

工作平面图　　　　立面图

图 10-3

2. 学习目标

（1）了解轻钢龙骨石膏板隔墙的材料与工具的选择。

（2）熟练识读轻质隔墙工程装饰设计图。

（3）掌握轻钢龙骨石膏板隔墙的施工工艺流程，掌握轻钢龙骨石膏板隔墙的施工工具和施工方法，掌握轻钢龙骨石膏板隔墙工程质量验收标准。

（4）培养认真做事、精益求精的精神。

3. 任务分析

（1）客户需求分析。

现代建筑框架式结构越来越需要专业的室内设计人员进行重新分区，而在装饰施工工程中，轻质隔墙工程不仅能起到这样的作用，还能更好地为室内空间服务。

（2）知识点分析。

进行轻钢龙骨石膏板隔墙技能实训需要用到的知识有材料与工具的选择、施工工具的使用和施工方法的掌握，施工工艺流程及施工要点，质量自查验收。

（3）主要的技术难点。

对轻钢龙骨石膏板隔墙技能实训需要的材料与工具进行正确选择；对轻钢龙骨石膏板隔墙技能实训施工工艺流程及施工要点的认知；对施工工具的正确使用；掌握施工方法；等等。

4. 相关知识链接

读懂装饰设计图，分析施工要点，熟知施工工具的使用，结合本任务需要解决的问题，涉及了哪些知识和技能等。

5. 课程思政要点

教学过程中突出思想教育，在完成任务的过程中培养一丝不苟的工匠精神。

6. 任务分组

表6 学生任务分配表

班级		组号		指导教师	
组长		学号			
组员		姓名	学号	姓名	学号
任务分工					

7. 熟悉任务

任务1：了解轻钢龙骨石膏板隔墙技能实训需要用到的材料和工具

轻钢龙骨石膏板隔墙的主要作用为分隔空间，一般不承重。不仅要求其自重轻、厚度薄、刚度大，还要求有隔声、耐火、耐温、耐腐蚀以及通风、采光、便于拆卸等特点。为满足以上要求，我们进行轻钢龙骨石膏板隔墙技能实训时需要用到的材料和工具有哪些?

_____

_____

_____

任务 2：熟练识读轻质隔墙工程装饰设计图

分析本任务中的隔墙尺寸、门窗尺寸、饰面材料等。

任务 3：掌握轻钢龙骨石膏板隔墙的施工工艺流程、施工工具的使用方法

对轻钢龙骨石膏板隔墙技能实训的相关资料、信息进行查询、收集。

8. 工作方案

任务 1：拟订施工实训分工方案

哪个人负责材料准备、检查？哪个人负责材料的切割？哪个人负责安装？

任务 2：轻钢龙骨石膏板隔墙技能实训需要用到的材料和工具

用于本实训的材料和工具是否都已经列出？如果没有，还缺少哪些？施工工具是否能正常使用？

任务 3：拟定施工工艺流程及施工要点

分组讨论该实训施工工艺流程及施工要点，什么时候弹线、分档？什么时候安装龙骨？什么时候安装门窗？什么时候填充隔音材料？

_____

_____

_____

任务 4：确定最终施工方案

_____

_____

_____

9. 优化方案

任务 1：小组讨论，确定最佳实训施工方案

师生讨论，并确定最合理的实训施工方案。

_____

_____

_____

_____

10. 工作实施

任务 1：在老师的指导下，准备好施工材料和施工工具

轻钢龙骨石膏罩面板是否有产品合格证？对照图纸检查其品种、型号、规格是否符合设计要求？施工工具是否能正常使用？施工场地是否存在安全隐患？

_____

_____

_____

_____

任务 2：按照实训施工方案对照设计图进行材料切割

进行材料切割时应该注意哪些问题？

_____

_____

_____

_____

任务 3：按照实训施工方案对照设计图进行安装

龙骨、门窗、面板等安装时的注意事项有哪些？

_____

_____

_____

_____

任务 4：质量自查验收

墙体构造及纸面石膏板的纵横向铺设是否符合设计？轻钢骨架沿顶、沿地龙骨位置是否正确？是否相对垂直？罩面板表面是否平整、洁净，无锤印？钉固间距、钉位是否符合设计要求？

_____

_____

_____

_____

11. 评价反馈

详见本章表 2~表 5。

三、跃层公寓单元设计项目工作页

1. 任务描述

完成下图所示跃层公寓的绘制，如图 10-4 所示。

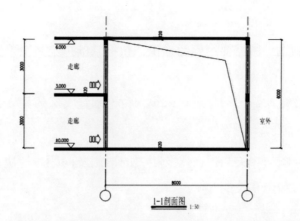

1-1剖面图 1:50

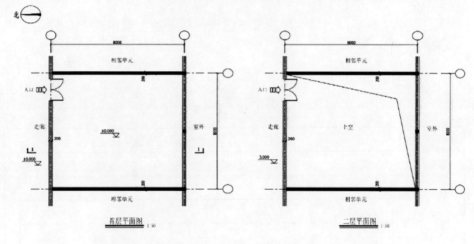

首层平面图 1:50　　二层平面图 1:50

图 10-4

2. 学习目标

（1）学习业务洽谈技能，能正确识读图纸。

（2）绘制正确的跃层式公寓平面图、剖面图；掌握平面图内空间布局。

（3）养成勤奋好学、认真对待学习任务的习惯，提高自身的综合素质。

3. 任务分析

（1）任务前的准备。

通过对服务对象的分析，制订出合理的设计方案，进而确定设计的初步基调。

（2）知识点分析。

了解绘制设计图需要用到的知识，包括基础理论知识、绘图手法等。

（3）主要的技术难点。

对设计方案所需的信息进行采集，讨论确定实施的具体方案。

4. 相关知识链接

识读平面图的相关知识，以及相关的案例及问题，解决问题和完成任务需要运用的知识和技能等。

5. 课程思政要点

通过课堂教学，引导学生的思想建设，从专业技能中建立日后培养工匠精神的基础。

6. 任务分组

表 7　学生任务分配表

班级		组号		指导教师	
组长		学号			
组员		姓名	学号	姓名	学号
任务分工					

7. 熟悉任务

任务 1：了解业主的需求

要求设计适合一对夫妇使用的居住空间。

_____

_____

_____

_____

任务 2：平面空间布局分析

分析本任务平面图空间布局，动线如何设计？

_____

_____

_____

_____

任务 3：了解跃层公寓单元设计

对跃层公寓单元设计相关资料和信息进行查询、收集。

_____

_____

_____

_____

8. 工作方案

任务 1：优化选择

你会选用哪些方法完成本任务？哪些方法使用后能提高任务完成速度？为什么？

_____

_____

_____

任务 2：命令清单

用于本任务的命令清单是否都已经列出？如果没有，还缺少哪些？

_____

_____

_____

_____

任务 3：拟定施工工艺材料

分组讨论该户型所用材料，并合理拟定施工工艺材料。

_____

_____

_____

任务 4：确定最终空间布局方案

为满足业主要求，应采用什么样的空间布局？

_____

_____

_____

_____

9. 优化方案

任务 1：小组讨论，确定最佳方案

师生讨论，并确定最合理的空间布局方案，完善施工工艺。

_____

_____

_____

_____

10. 工作实施

任务 1：在老师的指导下，熟悉 CAD 绘图环境设置

CAD 绘图环境设置需注意的事项有哪些？

_____

_____

_____

_____

任务 2：熟悉 CAD 图层设置

CAD 图层设置需要注意的参数有哪些？

_____

_____

_____

任务 3：平面图绘图操作

叙述平面图绘图步骤，并在电脑软件上练习。

_____

_____

_____

任务 4：精度保障措施

是否存在一些命令是可用可不用的，为什么？

_____

_____

_____

_____

任务 5：完成设计跃层公寓单元平面图、剖面图及立面图

11. 评价反馈

详见本章表 2~表 5。

工艺美术专业一体化课程教学工作页

一、户型图单元设计项目工作页

1. 任务描述

完成下图所示户型图的绘制，如图 10-5 所示。

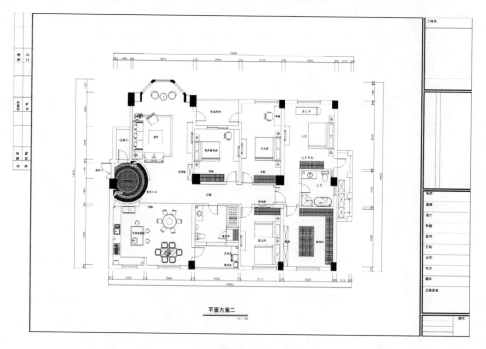

图 10-5

2. 学习目标

（1）掌握识读户型图纸的基本知识。

（2）能绘制出合理的居室户型图。

（3）树立勤奋好学的精神。

3. 任务分析

（1）知识点分析。绘制图纸和环境设置、图层设置等相关知识。

（2）主要的技术难点。收集本任务所需材料，分析讨论确定图纸的设计及材料的选用等。

4. 相关知识链接

平面图的识读和空间布局分析等相关知识。

5. 课程思政要点（未体现课程思政）

教学过程中强调团队合作与一丝不苟的精神，培养学生的集体主义意识及兢兢业业的做事风格。

6. 任务分组

表8　学生任务分配表

班级		组号		指导教师	
组长		学号			
组员	姓名	学号		姓名	学号
任务分工					

7. 熟悉任务

任务 1：了解业主的需求

认真阅读任务要求。

_____

_____

_____

任务 2：平面空间布局分析

分析本任务平面图空间布局，动线如何设计？

_____

_____

_____

任务 3：了解户型图绘制和设计

对户型图绘制和设计相关资料、信息进行查询、收集。

_____

_____

_____

8. 工作方案

任务 1：优化选择

你会选用哪些方法完成本任务？哪些方法使用后能提高任务完成速度？为什么？

_____

_____

_____

任务2：命令清单

用于本任务的命令清单是否都已经列出？如果没有，还缺少哪些？

_____

_____

_____

任务3：拟定施工工艺材料

分组讨论该户型所用材料，并合理拟定施工工艺材料。

_____

_____

_____

_____

任务4：确定最终空间布局方案

为满足业主要求，应采用什么样的空间布局？

_____

_____

_____

_____

_____

9. 优化方案

任务1：小组讨论，确定最佳方案

师生讨论，并确定最合理的空间布局方案，完善施工工艺。

_____

_____

_____

_____

10. 工作实施

任务1：在老师的指导下，熟悉CAD绘图环境设置

CAD 绘图环境设置需要注意的事项有哪些？

_____

_____

_____

_____

任务 2：熟悉 CAD 图层设置

CAD 图层设置需要注意的参数有哪些？

_____

_____

_____

_____

任务 3：平面图绘图操作

描述平面图绘图步骤，并在电脑软件上练习。

_____

_____

_____

_____

任务 4：精度保障措施

是否存在一些命令是可用或可不用的，为什么？

_____

_____

_____

_____

_____

任务 5：完成户型图绘制和设计平面图、剖面图及立面图

11. 评价反馈

详见本章表 2~表 5。

二、室内装饰陈设品单元设计项目工作页

1. 任务描述

完成下图所示掐丝装饰工艺品的设计与制作，如图 10-6 所示。

图 10-6

2. 学习目标

（1）能明确学习任务，学习业务洽谈；能正确了解和掌握掐丝装饰画的基本知识。

（2）设计和绘制装饰平面草图，掐丝制作；填充色料和后期制釉。

（3）培养敬业精神，树立勤奋好学的思想。

3. 任务分析

（1）知识点分析。装饰画草图、调制色彩需要用到的知识，装饰品的内容和表现理念设计，规格和设计内容、制作流程，用到的工具器械（色粉材料、剪刀、镊子、拷贝纸和复印纸、裁纸刀等）。

（2）主要的技术难点。小组成员对方案设计需要的信息进行采集，分析讨论确定图形设计方案；根据客户的需求进行设计；选择设计风格、使用的材料；等等。

4. 相关知识链接

任务相关要求。确定设计表现形式和制作方法，分析装饰品制作中的人员分工，掌握草图绘制、拓印图纸的基本知识，结合本任务需要解决的问题，涉及了哪些知识和技能等。

5. 课程思政要点

教学过程中让学生树立专研、勤奋的思想，养成细致用心的习惯，培养做事精益求精的工匠精神。

6. 任务分组

表 9　学生任务分配表

班级			组号		指导教师	
组长			学号			
组员		姓名	学号	姓名	学号	
任务分工						

7. 熟悉任务

任务 1：了解客户的需求

要求设计和制作简约风格的居住空间，客厅墙面陈设装饰掐丝画。除满足陈设功能的基本需求之外，还应满足使用者的文化艺术需求，以及营造客厅、餐厅、卧室不同的空间氛围，并充分考虑使用者的性格、年龄、爱好和职业特点。

_____

_____

_____

任务 2：掐丝装饰画的设计布局分析

分析居室空间布局，客厅、餐厅、卧室如何按照功能区域不同进行设计和制作？

_____

_____

_____

任务 3：了解不同空间区域的设计和制作、安装流程

对初期的设计相关资料、信息进行查询、收集。

_____

_____

8. 工作方案

任务 1：优化选择

你会选用哪些材料、工具及工艺完成本任务？哪些工作流程优化后能提高任务完成速度？为什么？

_____

_____

_____

任务 2：命令清单

用于本任务的命令清单是否都已经列出？如果没有，还缺少哪些？

_____

_____

_____

任务 3：拟定实施小组和使用的工具、材料

分组讨论针对客户不同家居空间制作装饰画所用的材料，合理进行设计和制作。

_____

_____

_____

任务 4：确定最终空间布局方案

为满足客户要求，在不同的空间分别采用什么风格的表现形式和内容？

_____

_____

_____

9. 优化方案

任务 1：小组讨论，确定最佳方案

师生讨论，并确定最合理的设计方案，完善制作流程和制作工艺。

_____

_____

_____

10. 工作实施

任务 1：在老师的指导下，熟悉设计和制作工艺

设计图绘制和拓印稿件需要注意的事项有哪些？

_____

_____

_____

任务 2：熟悉掐丝工具的使用

掐丝工具有哪些？如何绘制图形？如何进行掐丝制作和胎线固定？

_____

_____

_____

广西职业教育建筑装饰专业群发展研究

任务 3：使用 PS、CDR 等计算机辅助手段，开展平面图绘图操作

描述绘图步骤，并在电脑软件上反复练习。

_____

_____

_____

任务 4：提高作品质量和工艺水平，精度保障措施

是否存在工序错误和制作质量问题？为什么？如何避免和解决？

_____

_____

_____

_____

任务 5：完成居室客厅、餐厅、卧室掐丝装饰画的设计、制作和施工

11. 评价反馈

详见本章表 2~表 5。

三、AutoCAD 的绘图命令单元设计项目工作页

1. 任务描述

初识 AutoCAD，如图 10-7 所示。

57		SPLINEDIT	SPE	编辑曲线
58		MLEDIT		编辑多线
59		ATTEDIT	ATE	编辑参照
60		DDEDIT	ED	编辑文字
61		LAYER	LA	图层管理
62		MATCHPROP	MA	属性复制
63		PROPERTIES	CH, MO	属性编辑
64		NEW	ˉ+N	新建文件
65		OPEN	ˉ+O	打开文件
66		SAVE	ˉ+S	保存文件
67		UNDO	U	回退一步
68		PAN	P	实时平移
69		ZOOM+[]	Z+[]	实时缩放

图 10-7

2. 学习目标

（1）能正确启动和退出 AutoCAD。

（2）能根据需要定制 AutoCAD 的界面。

（3）能对图形文件进行有效的管理。

（4）能使用 AutoCAD 中的各种启动命令、响应命令。

（5）能根据需要进行图层的设置。

3. 任务分析

（1）了解 AutoCAD。

（2）图形文件的管理。

（3）AutoCAD 有关命令的操作。

4. 相关知识链接

（1）了解 CAD 的作用及使用范围。

（2）掌握 CAD 的启动与退出。

（3）熟悉 CAD 的界面。

（4）掌握图形文件的管理。

（5）掌握 CAD 中完成有关启动命令、响应命令的方法。

（6）掌握图层的设置。

结合本任务需要解决的问题，需要掌握哪些知识和技能等。

5. 课程思政要点

本任务的解决充分反映了 CAD 实训学生结合理论知识以及制图的工作实践能力，善于在学习中灵活运用，以扎实的理论功底，结合电脑软件操作，应用到实际的工作中去。

6. 任务分组

表 10　学生任务分配表

班级		组号		指导教师	
组长		学号			
组员	姓名	学号	姓名	学号	
任务分工					

7. 熟悉任务

任务 1：了解 CAD 的作用及使用范围

能以多种方式创建直线、圆、椭圆、多边形、样条曲线等基本图形对象。提供正交、对象捕捉、极轴追踪、捕捉追踪等绘图辅助工具。

_____

_____

_____

任务 2：练习正确启动与退出 CAD 环境

分析本任务如何正确启动与退出 CAD 环境，如何实施操作？

_____

_____

_____

_____

任务 3：定制 AutoCAD 的界面

可以在应用程序窗口内自定义功能区，也可以使用"自定义用户界面"（CUI）编辑器自定义功能区。

_____

_____

_____

8. 评价反馈

表 11　个人自评表

班级		姓名		日期	年　月　日
项目		分值	说明		评定
平时成绩	课堂纪律	5 分	违纪一次扣 1 分		
	作业情况	5 分	不认真完成一次扣 1 分		
基础成绩	文件操作	5 分	新建、保存、另存、重命名等		
	图层	5 分	线形、颜色、线宽、操作等		
	绘图	10 分	直线、圆、椭圆、多边形等		
	编辑	15 分	偏移、阵列、拉伸、修剪等		
	标注	15 分	线性、圆弧、公差、粗糙度等		
	辅助	10 分	块、显示、状态栏使用等		
	输出	5 分	标题栏、打印等		
	三维	5 分	UG、Pro/E、AIS 介绍		
专业成绩	机械零件	10 分	数控专业		
	焊接符号		焊接专业		
	电子元件		电子、电脑专业		
操作成绩	综合考试	10 分	建议取消期中考试		
总分		100 分	建议获得 CAD 中级可免修		
个人自评分数					

表 12 小组自评表

班级			姓名		日期	年　月　日	
项目			分值	说明		评定	
平时成绩		课堂纪律	5 分	违纪一次扣 1 分			
		作业情况	5 分	不认真完成一次扣 1 分			
基础成绩		文件操作	5 分	新建、保存、另存、重命名等			
		图层	5 分	线形、颜色、线宽、操作等			
		绘图	10 分	直线、圆、椭圆、多边形等			
		编辑	15 分	偏移、阵列、拉伸、修剪等			
		标注	15 分	线性、圆弧、公差、粗糙度等			
		辅助	10 分	块、显示、状态栏使用等			
		输出	5 分	标题栏、打印等			
		三维	5 分	UG、Pro/E、AIS 介绍			
专业成绩		机械零件		数控专业			
		焊接符号	10 分	焊接专业			
		电子元件		电子、电脑专业			
操作成绩		综合考试	10 分	建议取消期中考试			
总分			100 分	建议获得 CAD 中级可免修			
小组自评分数							

表 13 小组互评表

班级		被评组名		日期	年　月　日	
评价指标	评价内容			分数	评定	
信息检索	该组是否能有效利用网络、图书资源、工作手册查找有用的相关信息等			5 分		
	该组是否能用自己的语言有条理地解释、表述所学知识			5 分		
	该组是否能将查到的信息有效地传递到工作中			5 分		
感知工作	该组是否熟悉工作岗位，认同工作价值			5 分		
	该组成员在工作中是否能获得满足感			5 分		

班级		被评组名		日期	年　月　日
评价指标	评价内容			分数	评定
参与态度	该组与教师、同学之间是否相互尊重、理解、平等			5分	
	该组与教师、同学之间是否能够保持多向、丰富、适宜的信息交流			5分	
	该组能否处理好合作学习和独立思考的关系，做到有效学习			5分	
	该组是否能提出有意义的问题或能发表个人见解；是否能按要求正确操作；是否能够倾听别人的意见，协作共享			5分	
	该组是否积极参与，并在产品加工过程中不断学习，使综合运用信息技术的能力得到提高			5分	
学习方法	该组是否有工作计划；操作技能是否符合现场管理要求			5分	
	该组是否获得了进一步学习的能力			5分	
工作过程	该组是否遵守管理规程，操作过程是否符合现场管理要求			5分	
	该组平时上课的出勤情况和每天完成工作任务情况			5分	
	该组成员是否能加工出合格工件，并善于多角度分析问题，能主动发现、提出有价值的问题			15分	
思维态度	该组是否具有发现问题、提出问题、分析问题、解决问题的能力和创新意识			5分	
自评反馈	该组是否能严肃认真地对待自评，并能独立完成自测试题			10分	
小组互评分数					
简要评述					

表14 教师评价表

班级		组名		姓名	
序号	评价内容			分数	评定
1	严格遵守考勤制度，没有迟到、早退、旷课现象			10分	
2	精心设计，言简意赅，方式多样			10分	
3	围绕教学重点、难点，抓住关键，难易适度			10分	
4	教学内容的系统化、生活化、情境化与学生的认知水平统一			10分	
5	熟练完成画图、CAD图绘制，制图规范			30分	
6	完成学习心得			30分	
教师评价分数					
简要评述					

03 广告设计与制作专业一体化课程教学工作页

一、设计素描基础项目工作页

1. 任务描述

学会观察不同的对象，并进行合理构图，绘制出较为准确的结构素描，如图 10-8 所示。

（1）把握结构造型的概念与表现特征，进行结构素描快速练习。

（2）掌握结构造型的方法和步骤。

（3）学会几何形体、静物结构素描绘制。

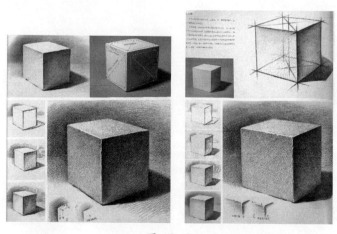

图 10-8

2. 学习目标

（1）学会观察不同的对象。

（2）能够进行合理构图，绘制出较为准确的结构素描，掌握结构造型的方法和技巧。

3. 任务分析

（1）教会学生在平面上画出临摹对象的形体、透视和空间感觉。采用最简便、最易掌握的工具和方法，训练学生生动、准确、整体地把握形象的能力。形体结构、明暗、线条、空间、质感、量感、色彩等被称作素描的诸要素，而形体结构与明暗又是其中的重要因素。对比从明暗出来，依切面进行的素描方法，"结构素描"体系中的形体结构是第一位的、决定性的、本质的、深刻的、稳定的、内在的和隐蔽的，而明暗是第二位的、从属的、表面的、局部的、多变而易逝的。

需要上交的材料：结构素描线条稿、简单静物造型结构素描作品临摹，如图 10-9 所示：

图 10-9　结构素描临摹范本

（2）学生参考给出的图 10-10 结构素描临摹范本，把握结构造型的概念与表现特征，按照正确的结构造型的方法和步骤绘制结构素描。

从结构出发的素描训练，是一个从内到外、从分析到综合、从研究到表现的学习过程，作画的最初感性认识体现在学生的观察阶段，作画过程就是理性结构的分析过程（也离不开感性的形象感受）。

需要上交的材料：石膏几何体造型结构素描，静物造型结构素描，如图 10-10 所示。

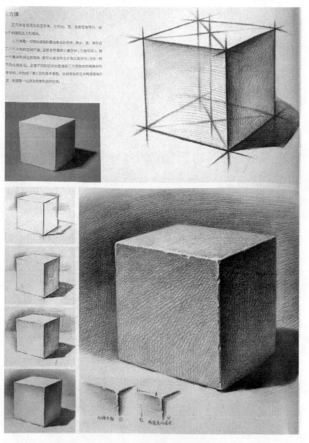

图 10-10　结构素描临摹范本步骤

（3）学习素描应从结构入手，也就是先学习结构素描。先把形体结构和明暗分开，待学生具有一定的造型能力（能够用线条准确表现出物体的轮廓、比例、透视、结构）后，再结合明暗调子进行综合练习。

侧重于结构素描练习，不等于排斥明暗调子，只是在这个阶段，精力集中于学习与研究物体结构诸多因素，最终要使结构与明暗调子相结合。明暗调子自身的价值并不大，只有和形体结构相结合，才有一定的价值。明暗调子作为素描中的要素之一，在表现物体的结构、立体、空间、质感等方面，有着不可代替的作用。

需要上交的材料：石膏五官造型结构素描，静物组合造型结构素描，如图10-11所示。

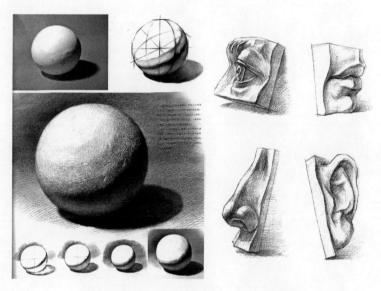

图10-11　不同类型结构素描临摹范本

4. 相关知识链接

读懂石膏几何体、静物组合、石膏五官造型结构素描的构图，分析绘画步骤，认识"结构素描"体系中的形体结构是第一位的、决定性的、本质的、深刻的、稳定的、内在的和隐蔽的，而明暗是第二位的、从属的、表面的、局部的、多变而易逝的。基本知识回顾，结合本任务需要解决的问题，提出了哪些知识和技能等。

5. 课程思政要点

本任务的解决充分反映了设计专业学生依靠造型基础来解决日后设计的诸多问题，培养学生从"小"做起，重视基础的精神。

6. 任务分组

表 15　学生任务分配表

班级		组号		指导教师	
组长		学号			

组员	姓名	学号	姓名	学号

任务分工

7. 熟悉任务

任务 1：静物造型结构素描案例分析讲解

主要从对象的基本外形结构、特点入手，合理构图，确定合适比例大小，用线条、简单明暗表现块面、体感及空间，并在平面上画出客观对象的体积、透视和空间感觉。

_____

_____

_____

任务 2：石膏几何体造型结构素描案例分析讲解

主要用线条准确表现出物体的轮廓、比例、透视、结构，再结合明暗调子进行综合练习。合理构图，确定合适比例大小，用线条、简单明暗表现块面和体感及空间。

_____

_____

_____

任务3：石膏五官、静物两类造型的结构素描案例讲解

主要从对象的基本外形结构、特点入手，明确这是一个从内到外、从分析到综合、从研究到表现的学习过程，并用线条、简单明暗表现块面和体感及空间。

_____

_____

8. 工作方案

任务1：静物组素描准备

你会选用哪些工具、设备和耗材完成本任务？哪些工具设备使用后能提高任务完成速度？为什么？

_____

_____

_____

任务2：石膏几何体组素描准备

用于本任务的工具、设备和耗材是否都已经列出？如果没有，还缺少哪些？如何提高绘图的结构质量？

_____

_____

_____

任务3：石膏五官与静物组素描准备

绘制五官需要注意哪些结构问题？哪些工具、设备使用后能提高任务完成速度？本次的静物绘制与前面有什么不同？

_____

_____

9. 优化方案

任务 1：小组讨论，确定绘制的内容、步骤和方法

最佳绘制方案经验分享，学生前期绘制结构素描经验总结。师生讨论，并确定最合理的构图布局，完善绘制方法和步骤。

10. 工作实施

任务 1：简单静物组：案例引入——

静物结构素描需要注意的事项有哪些？

任务 2：石膏静物组：案例引入——

作画的最初感性认识阶段，作画过程分析，石膏结构素描需要注意的事项有哪些？

任务 3：石膏五官和静物组：案例引入——

要使形体结构与明暗调子相结合，在绘制结构素描时，需要注意的事项有哪些？

11. 评价反馈

详见本章表 2~表 5。

二、广告灯箱设计项目工作页

1. 任务描述

完成下图所示两个灯箱的制作，如图 10-12 所示。

图 10-12

2. 学习目标

（1）明确学习任务。

（2）掌握制作吸塑灯箱的方法和技巧。

（3）学习灯箱设计的基本软件操作技能。

（4）学会应用制作立式灯箱的方法和技巧。

（5）建立起学生的团队合作意识及集体荣誉感。

3. 任务分析

（1）认真听老师讲解灯箱的优缺点，了解灯箱的用途，为今后更好应用于户外广告制作打好基础。

（2）认真听老师讲解灯箱的制作流程，然后自己动手制作一个灯箱，加深对制作流程的理解和应用。

（3）学会和同组同学讨论做好的灯箱的优缺点，以便改进，并学会调试、优化和测试自己制作的灯箱效果；

（4）学会制作灯箱的全过程，把握好各个环节的关键点，注意制作流程的系统合理性。

（5）总结掌握了哪些技巧。

（6）找一个主题内容，动手制作一个灯箱，加深对本章知识点的理解和应用。

4. 相关知识链接

读懂吸塑灯箱与立式灯箱的设计布置图，分析灯箱安装布局、线路安装布局，回顾物料的切割与焊接基本知识，结合本任务要解决的问题，提出了哪些知识和技能等。

5. 课程思政要点

在课程中培养学生在掌握基础知识的情况下敢于创新、积极思考的态度与精神。

6. 任务分组

表 16　学生任务分配表

班级		组号		指导教师	
组长		学号			
组员	姓名	学号		姓名	学号
任务分工					

7. 熟悉任务

任务 1：吸塑灯箱：按照客户的需求拟订出具体制作方案和方法、步骤

根据设计图纸和已经成型的灯箱画面焊接制作出吸塑灯箱，画面装裱至灯箱表面。小组成员分工合作完成各个零部件，并组装成一个整体。

_____

_____

_____

_____

任务 2：立体灯箱：平面空间布局分析

根据设计图纸和已经成型的灯箱画面焊接制作出落地灯箱的框架，灯箱画面包边加固、喷漆防锈。

_____

_____

_____

_____

8. 工作方案

任务 1：前期准备和人员分配

将学生分组，每 5~6 人为一组。准备电子图形文档，写真输出成背胶画面和户外灯布画面。购置实训相关耗材：成型空白吸塑灯箱及相关组件、铁丝、自喷漆、502 胶水、花线（铜芯）等。准备并调试好相应的设备、工具：氩弧焊机、热塑枪、氧气瓶、切割机、磨边机、冲击钻、螺丝刀、钳子等。你会选用哪些工具和耗材完成本任务？哪些工具、设备使用后能提高任务完成速度？为什么？

_____

_____

_____

任务 2：吸塑灯箱：拟定施工工艺与指导优化

校外技术员与指导老师演示操作步骤，再逐一分组指导。各小组为了

完成此任务要分工明确，齐心合力。

需上交的成品：①完整吸塑灯箱一个；②任务活动记录和评价表（电子版）。

分组讨论实际用户所用材料，合理拟定施工工艺材料。

_____

_____

_____

任务 3：立式灯箱：拟定施工工艺与指导优化

校外技术员与指导老师演示操作步骤，再逐一分组指导。指导教师与校外技术员到各组巡视，查看完成进度情况，为各组做技术支持。各小组为了完成此任务要分工明确，齐心合力。

需上交的成品：①完整落地灯箱一个；②任务活动记录和评价表（电子版）。

为满足客户的要求，应采用什么样的发光光源布局？

_____

_____

_____

9. 优化方案

任务 1：小组讨论，确定最佳方案

师生讨论，并确定最合理的空间布局，完善施工工艺。

_____

_____

_____

10. 工作实施

任务 1：认识吸塑灯箱

吸塑灯箱实物对照与方案设计。吸塑灯箱具体设计需要注意的事项有哪些？

_____

_____

任务2：开始制作（方式与注意事项）

由于吸塑灯箱的基础模具制作涉及专业制作设备和工艺，因此本实训项目仅以其组装、画面装裱、安装为实训内容。其中，画面装裱的形式有以下三种：

第一种，贴膜。针对表现形式简单、数量较少、成本核算较低的吸塑灯箱，我们采用贴膜法。强调不宜使用市场上廉价且容易褪色的灯膜，必须使用户外保质期长的优质灯膜，否则维护费用会很高，一时的低成本会造成更高的维护成本。

第二种，丝网印刷。这是我们很常用的吸塑灯箱的画面处理方式，也是比较理想的，特别是我们在制作数量大时尽可能采用的做法。在丝网印刷时，一定要用品质好的油墨，印刷后板材还要通过高温烤和压塑，否则制作过程中很容易刮花，使用一段时间后也容易褪色。

第三种，户外写真灯片。一般数量少，比较难对位的吸塑灯箱选择此方式，但一定要用户外灯片。

本次实训，我们选择以贴膜法来进行画面装裱。

灯箱画面设置需要注意的参数有哪些？

_____

_____

_____

任务3：认识立式灯箱

课前让学生到校外市场走访广告设计制作部，课上通过多媒体电子案例展示，向学生介绍立式灯箱的概念和用途，了解立式灯箱的特点，以及设计与制作要领，然后画出草图。

落地灯箱实物对照与方案设计。在大面积灯箱制作中，表面可以采用喷绘灯箱布、亚克力基板等，光源主要还是采用物美价廉的荧光灯。

绘制草图需要注意的事项有哪些？

_____

_____

_____

任务4：具体制作流程、步骤——

步骤一，根据设计的图案或字体大小用方管焊接支架。

步骤二，选择字体灯箱布制作，为了透光性好，主体字用白色，背景用深色（当然相反也行，结果是背景在变化），深色部分的灯箱布反面用黑色进行一次镜像喷绘（遮挡灯箱内光线）。

步骤三，支架对应五个字之间用隔板隔开，防止相邻字之间串光。

步骤四，根据面积在每个字对应支架上安装红、绿、蓝三种颜色的荧光灯（当然也可以红绿、红蓝两种颜色）。单组为每种颜色一支灯管，双组为每种颜色两支灯管，依次类推。

步骤五，接线。从灯管到电子镇流器，电子镇流器统一接电源，在电子镇流器和荧光灯灯管之间接隔离开关，隔离开关控制线单独引出。

步骤六，接智能控制器。把每支灯管隔离开关上的控制线接到智能控制器相应端口。

是否存在一些步骤、环节是可用或可不用的，为什么？

_____

_____

_____

任务5：整体安装

安装灯布，支架四周边框遮光。

11. 评价反馈

详见本章表2~表5。

服装设计与制作专业一体化课程教学工作页

一、立裁手臂制作项目工作页

1. 任务描述

完成下图所示的手臂制作，如图 10-13 所示。

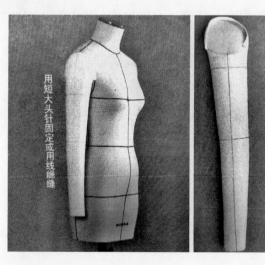

用短大头针固定或用线缲缝

图 10-13

2. 学习目标

（1）掌握正确的操作步骤，准备手臂制作材料。

（2）能正确填写制作手臂的工艺卡片，结合人体结构原理，初步掌握袖子制作的结构。

（3）做好正确制作记录，掌握珠针和标示线的使用。

（4）提高对专业学习的兴趣，树立职业道德观，培养敬业精神。

3. 任务分析

（1）加工分析。布手臂作为人体手臂的替代品，用薄型白坯布粗裁，袖中线、袖底线、袖肥线、袖肘线各部位处的纵横丝绺线用有色线（红、黑、蓝）缝出，或者手缝做出标记。这些线与纸样对准，四周加放缝线，进行裁剪，填充棉也要裁剪。

（2）材料分析。需要准备的物品：白坯布（薄型）、棉絮（厚度为1.6 cm的填充棉）、缝纫线（红色涤纶线或者棉线）、厚纸（10种颜色），黏带（1.2 cm宽的平纹织物或者斜纹棉黏带）。所用的填充棉是能便于肘部的弯曲、能上举到头部、不易走形的轻型弹力棉。上臂部分应考虑能从人台上装上或拿下，棉絮的厚度应稍薄些。

下面就服装造型不可缺少的人台右手臂的制作方法做说明。它与新人台的臂根截面（臂根截面的倾斜）相对应，符合标准手臂粗细，是比臂长稍长的布手臂。

（3）主要的技术难点。前后袖底缝对齐，填充棉端口处要与手臂布套对合，手臂套要与棉絮光滑平整地连在一起，确认无皱褶，手腕挡布与手臂布对位记号对准，用大头针固定，手臂与手腕处用涤纶线或者棉线密密地缝制。手臂根围与臂根围挡布对位记号要对准。

4. 相关知识链接

读懂步骤图并分析步骤图样，做好制作过程记录，特别是制作的难点与重点，结合本任务需要解决的问题，涉及了哪些创新的技术、方法等。

5. 课程思政要点

在课程中强调认真完成手臂制作的任务就如同打好基础，以培养学生在日常生活中认真对待每一件事，"从小事做起、从头做起"的匠人精神。

6. 任务分组

表 17　学生任务分配表

班级		组号		指导教师	
组长		学号			
组员	<table><tr><td>姓名</td><td>学号</td><td>姓名</td><td>学号</td></tr><tr><td></td><td></td><td></td><td></td></tr><tr><td></td><td></td><td></td><td></td></tr><tr><td></td><td></td><td></td><td></td></tr><tr><td></td><td></td><td></td><td></td></tr><tr><td></td><td></td><td></td><td></td></tr></table>				
任务分工					

表 18　生产任务单

单位名称				完成时间		
序号	产品名称	材料	生产数量	技术标准、质量要求		
1	布手臂制作	白坯布、棉絮、缝纫线（红色涤纶线或者棉线）、厚纸、黏带	1 个右手臂	按图样要求		
2						
3						
生产批准时间						
通知任务时间						
接单时间				接单人		生产班组

7. 熟悉任务

任务 1：手臂样式的认识

认真观察手臂样式，若发现问题或疑问，则及时向老师提出。

_____

_____

_____

任务 2：手臂结构分析

分析本任务手臂结构由哪些结构线组成，它们之间有什么比例关系？

_____

_____

_____

任务 3：了解布手臂的用途

观看微课视频，并说明布手臂的用途及制作要求。

_____

_____

_____

_____

任务 4：技术要求分析

分析手臂款式图，并在下表中写出该手臂的主要尺寸、要求及质量要求，为手臂制作做准备。

表 19　手臂结构分析表

序号	项目	内容	偏差范围
1	手臂长度		
2	袖中长		
3	袖山高		
4	袖肥		
5	袖口		

8. 工作方案

任务 1：工具选择

根据成品要求合理选择工具，并说明原因。

_____

_____

_____

任务 2：准备工具清单

根据上述分析，填写完成制作工具清单表。

表 20　工具清单

工具 1	大剪刀				
工具 2	线剪				
工具 3	锥子				
工具 4	标识线				
工具 5	手缝针				

任务 3：拟定工艺制作步骤

分组讨论手臂工艺制作步骤。

_____

_____

任务 4：填写加工工序单

根据要求填写加工制作工序表。

表 21　加工工序单

工序号	工序内容				
1					
2					
3					
4					
5					
6					

9. 优化方案

任务 1：小组讨论，确定最佳方案

师生讨论，并确定最合理的工艺路线，完善加工程序，填写加工工序单。

_____

_____

_____

_____

10. 工作实施

任务 1：在老师的指导下，进行手臂缝制

制作加工过程安全操作需要注意的事项有哪些？

_____

_____

_____

任务 2：熟悉实训室管理制度

简述 6S 管理的定义和目的。

_____

_____

_____

任务 3：制作过程

说明在制作过程中，如何进行袖长、袖中、袖肥、袖山高计算的设置。

（1）袖长_____。

（2）袖中_____。

（3）袖肥_____。

（4）袖山高_____。

（5）制作过程是否符合要求，如果不符合要求，要记录下来，以便更正。

不合理 1：_____。

不合理 2：_____。

不合理 3：_____。

（6）分析制作过程中遇到的问题，分析原因，并提出改进意见，以便提高精确度和效率。

_____

_____

_____

_____

任务 4：保障措施

注意观察手臂根围与臂根围挡布对位记号是否对准，制作过程在缝制方法、方式、针法方面有什么要求？

_____

_____

_____

_____

_____

任务 5：完成手臂制作

任务 6：成品质量检测分工

按照成品要求，明确检测要求，先自检，然后组内交叉互检，完成以下分工表。

表 22 组内交叉互检分工表

A	B	C	D

任务 7：成品质检

按下表对制作好的手臂进行检测，将结果填入。

表 23　检测评分表

80 ▮	1		20				
	2		10				
	3		10	2			
	4		10	2			
	5		10	2			
	6		10	2			
	7		10	2			
10 ▮	8		5	2			
	9		5	2			
10 ▮	10		5	2			
	11		5	2			
(	12						
	13	6S		5 10			

任务 8：废品分析

根据检测结果，小组讨论、分析产生废品的原因，提出预防方法，并填写下表。

表 24　废品分析表

废品种类	产生原因	预防措施

11. 评价反馈

详见本章表2~表5。

二、西裙结构制图项目工作页

1. 任务描述

掌握西裙的结构特点、部位尺寸，以及解决西裙结构制图中的常见问题。

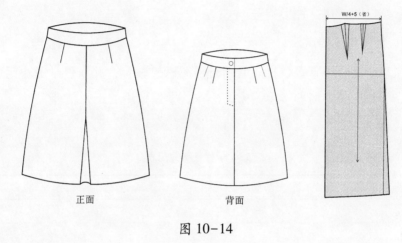

图 10-14

2. 学习目标

（1）培养小组的协作能力、自主学习能力和沟通能力。

（2）掌握西裙的结构特点、部位尺寸。

（3）学会解决西裙结构制图中的常见问题。

（4）形成崇尚技能宝贵、劳动光荣的思想。

3. 任务分析

（1）培养小组的协作能力、自主学习能力和沟通能力。通过小组合作的形式，对西裙结构进行分析、讨论。先自行研究、学习，遇到问题再向老师请教方法。最后小组讨论确定本任务的制作方案。

（2）任务设计。我校艺术设计系接到为某企业进行一批西裙的样品开发的任务，计划在教师的指导下，进行业务洽谈、信息咨询，工作计划制订、工作条件准备及款式图设计。学生在进行西裙结构制图过程中，学习西裙的结构特点和廓形描述，掌握服装结构与工艺工具的使用方法和操作技术。

（3）主要的技术难点。前后裙片的区别、尺寸的掌握、制图线条的流畅性以及省道的位置确定。

4. 相关知识链接

裙子从形态、长度、制作、着装和用途等各个角度被加以分类，有各种不同的名称。按腰围分可分为低腰裙、无腰裙、带腰裙等，按形状分则是紧身裙、圆首裙、钟形裙等。

5. 课程思政要点

在教学过程中，教授技能的同时强调思想教育，并通过学习小组的形式完成学习任务，培养学生探索、协作、学以致用的工匠精神。

6. 任务分组

表 25　学生任务分配表

班级		组号		指导教师	
组长		学号			
组员	姓名	学号	姓名	学号	
任务分工					

7. 熟悉任务

任务 1：明确任务——我们要干什么？

观察款式图，阅读任务要求，如有疑问或不明之处，则及时向指导老师提出。

_____

_____

_____

任务 2：分工协作——小组人员如何分工？你本人承担什么任务？采取了哪些具体措施？关键环节如何保证？

_____

_____

_____

任务 3：了解西裙制图的方法

进行西裙制图相关资料、信息的查询和收集。

_____

_____

_____

8. 工作方案

任务 1：优化选择

你会怎样完成本任务？怎样提高任务完成速度？为什么？

_____

_____

_____

任务 2：工具选择

根据成品要求，合理选择工具，并说明原因。

_____

_____

_____

任务 3：拟定制图步骤

分组讨论西裙的制图步骤。

_____

_____

_____

任务 4：确定最终方案

为保证符合要求，应采用什么样的制图方案？

_____

_____

_____

_____

9. 优化方案

任务 1：小组讨论，确定最佳方案

师生共同讨论，并确定最合理的制图方案。

_____

_____

_____

_____

10. 工作实施

任务 1：在老师的指导下，进行西裙的结构制图

制图过程中需要注意哪些环节？

_____

_____

_____

任务 2：熟悉制图工具与规范步骤

制图的规范有哪些？

_____

_____

_____

任务 3：制图过程

叙述制图过程，并进行练习。

_____

_____

_____

任务 4：精度保障措施

是否存在一些操作是必要或非必要的，为什么？

_____

_____

_____

_____

任务 6：完成西裙结构制图

11. 评价反馈

详见本章表 2~表 5。

第十一章

广西职业教育建筑装饰专业群发展建设典型案例

建筑装饰专业是我区创新发展九大名片之一——传统优势产业的特色专业，是广西职业教育专业发展研究基地的核心专业。建筑装饰专业群借助民族建筑技艺名师传承与"活态"培养，采用产教融合的教学模式，培养民族建筑技艺新生代传承人，打造民族文化产业链，实现民族建筑技艺相关专业的创新发展。建筑装饰专业群积极探索"学校工厂化，车间产业化"模式、基于就业能力提升的"工作环境沉浸式"等人才培养模式，在专业教学中传承民族文化，让文创融入课堂，深度服务与发展广西文创产业，有效引领广西中等职业教育专业群改革与发展。

品牌专业培育高素质技能人才

一、实施背景

随着我国对外开放的扩大，旅游业和会展业得到了快速发展，涉外酒店、会展中心等基础设施进入了大规模建设时期，这些公共建筑工程的建设和使用，不仅扩大了装饰装修的市场需求规模，而且对装饰装修的质量、档次提出了更高的要求，推动了建筑装饰行业整体水平向更高层次发展。

在上述背景下，为贯彻落实《广西职业教育改革实施方案》，根据《自治区教育厅关于实施广西中等职业学校品牌专业建设计划的通知》（桂教职成〔2019〕61号）精神：到2022年，全区职业院校教学条件基本达标，中职学校建成50个品牌中等职业教育专业，引领全区职业院校的改革与发展方向，以带动全区职业院校办学水平和教学质量的整体提升。为此，建筑装饰行业的快速发展，对建筑装饰业生产、管理第一线的专业技术人才提出了更高的要求：不仅要掌握新技术、新工艺、新设备，还要具有较强的实际动手能力和岗位适应能力。为全面提升建筑装饰行业人才素质，培养大批高层次的装饰技术复合型人才，以服务于北部湾经济区和"一带一路"经济区，建设建筑装饰品牌专业（群）是当下十分重要的任务。

二、主要目标

通过建筑装饰专业的建设，发挥建筑装饰专业对专业群的引领和辐射作用，推动工艺美术、广告设计与制作、服装设计与制作等相关专业的发展，带动专业群各专业在创新人才培养模式、深化专业课程体系改革、加强"双师型"教师队伍建设、夯实基础教学与实训能力、提高教学与实习管理水平、提升服务发展水平等方面全面创新改革，并依托校企合作，实现教育教学水平和社会服务能力的整体提升。

专业群共享主体课程和实训室资源，保持专业群中各专业内在的紧密联系，使专业课程和技能训练项目相互交叉渗透，实现资源共享，降低教学成本。同时按一流的标准建设实训基地、师资队伍、服务平台，对照广西"九张名片"，建成地方特色鲜明、办学水平高、就业质量好、服务能力强的品牌专业，有效引领我区中等职业教育专业（群）的改革与发展，为我区建筑装饰产业和文化艺术产业培养一批德才兼备的复合型技术技能人才，为广西区域经济的发展助力，使本品牌专业群在全区乃至西部地区中职同类院校中起到引领和示范作用。

三、工作过程

以习近平新时代中国特色社会主义思想铸魂育人，贯彻党的教育方针，落实立德树人的根本任务。对接产业转型升级的发展，立足广西，面向全国，以我校建筑装饰专业为核心专业，带动专业群各专业在创新人才培养模式、深化专业课程体系改革、加强"双师型"教师队伍建设、夯实基础教学与实训能力、提高教学与实习管理水平、提升服务发展水平等方面全面创新改革。依托校企合作，探索专业群与企业深度合作的促进办法，推动形成产教融合、校企合作、工学结合、知行合一的共同育人机制，发挥品牌专业群的引领和辐射作用，实现教育教学水平和社会服务能力的整体提升，推进现代学徒制改革，将"1+X"证书试点与专业建设、课程建设、教师队伍建设等紧密结合，深化教师、教材、教法"三教"改革，对照国家标准和专业标准，全面提升专业群人才培养质量。

1. 人才培养模式改革

在进行充分的建筑装饰行业企业调研后，以建筑装饰行业企业岗位需求为依据，我校与广西美饰美佳装饰有限责任公司等10多家建筑装饰企业深度合作，关注建筑装饰产业和文化艺术产业的发展动态，紧密对接产业链，推动专业集群式发展，充分发挥企业在人才培养过程中的重要主体作用，以产教融合统领专业建设，深化校企合作，全面实行校企协同育人模式。培养室内装饰设计员、室内装饰装修质量检验员、装饰装修工、室内成套设计制作员、制图员、施工员、材料员、装饰施工助理、预算员、装饰美工、广告设计员、产品设计员、家装顾问、软装设计员、服装设计员、服装制作工等工作岗位所需能力的高技能专门人才。积极推行"1+X"证书试点制度，鼓励学生获取多个证书，并与社会职业资格证书制度接轨，推行职业能力考核与专业课程考核的无缝对接，确保98%以上的同学毕业时持有双证书。

深化校企合作，推动产教融合，形成工学结合、知行合一的共同育人机制，在专业群中践行现代学徒制和企业新型学徒制，做到校企共同研究专业设置、共同制订人才培养方案、共同开发课程、共同开发教材、共同组建教学团队、共同建设实训实习平台、共同制定人才培养质量标准，旨在校企育人方面取得新突破，校企共育人才有成效，为社会培养一批批高素质的"德技并举"的技术技能人才。

2. 深化专业课程体系改革，构建专业群特色课程体系

深化校企合作，充分发挥企业的主体作用与校企协同育人模式的优势特色。坚持专业群各专业以能力培养为核心，以职业技能训练为重点，以生产性实训基地为依托，围绕建筑装饰行业的职业标准和岗位需求，突出建筑装饰应用实践能力培养，构建以建筑装饰设计、装饰材料与施工工艺、建筑装饰工程预算、施工管理等实践技能为导向的实践性课程体系，组建由专业带头人、骨干教师、行业企业专家构成的课程体系特色课程开发团队，构建专业群特色课程体系（见图11-1），以职业岗位技能为教学内容，设计学习情景，同时加强优质核心课程和特色教材建设，探索"五年一体化"培养模式，在专业课程体系设置上对接高职专业要求，在培养

目标、专业设置、课程设置、工学比例、教学内容、教学方式方法、教学资源配置等方面做到"七个衔接"。结合专业人才的培养及课程改革，在专业群实施"现代学徒制"和"1+X"证书制度试点，开发、出版校企共同开发特色教材《室内装饰材料与施工工艺》《民族手工艺品设计与制作》《文创产品设计与制作》。

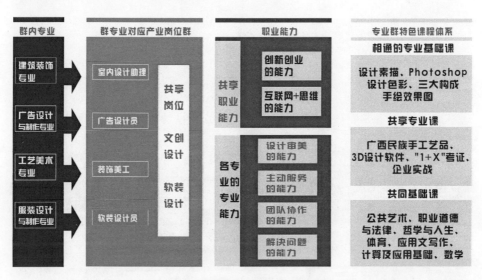

图11-1 构建专业群特色课程体系

3. 培养一支具有"四有"标准的"双师型"师资队伍

通过国内外进修访学、承担课题、企业兼职等方式培养专业带头人，以及全员送培、参与课题、承担专业优质核心课程建设、企业跟岗等方式培养"双师型"教师，聘请企业技术骨干或能工巧匠为兼职教师。鼓励并安排教师深入职业岗位第一线进行生产、服务、管理工作的实战训练，努力提高教师生产、管理、服务的技术应用能力。以"三教"改革为抓手（见图11-2、11-3），努力建设一支教学水平高、实践能力强，并具有"四有"标准的"双师型"教学团队。

4. 夯实基础教学与实训基地服务能力

深化校企合作，充分发挥企业的主体作用，推进产教深度融合、引企入校，共同建设教学与课程改革相匹配的生产性实训基地，做到实训条件达到专业与产业、职业岗位对接，专业课程内容与职业标准对接，教学过

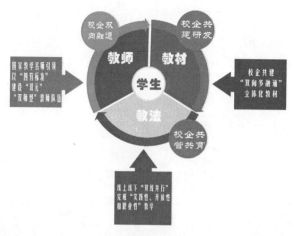

图 11-2　教师、教材、教法相互联动，推动"三教"改革图示

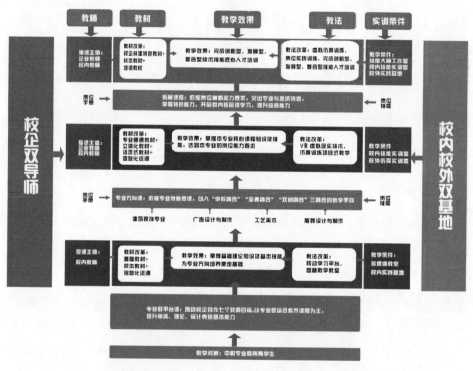

图 11-3　建筑装饰专业群教师、教材、教法"三教"改革思路

程与生产过程对接，从而提高学生技术技能水平。同时，在专业群建设中，重点推进信息化资源库建设，用现代信息化技术服务专业群的发展及人才培养，不断提高管理和服务水平。建立校企互利合作机制，建设集实践教学、社会培训、技能鉴定和技术研发为一体的校内实训基地，并以建

筑装饰专业为专业群核心，在课程体系、教材、师资队伍、实训条件等方面实现资源共享，实现服务能力最大化。

5. 提高教学与实习管理水平，全面提升人才培养质量

校企深度合作，学校与广西美饰美佳装饰有限公司、广西昌桂源投资有限公司、广西同盛建筑装饰工程公司等10多家企业签订校企合作协议，全面推行校企协同育人机制，形成产教融合的多元化办学机制，校企共建共管实训室，并建立了校外实习基地。进一步规范学生实习管理工作，采取信息化的手段进行有效的管理，严格按照《职业学校学生实习管理规定》建立健全学生实习管理制度，加强校内外实习基地的建设，全面加强对实践性教学环节的管理，保证实践教学的质量，为学生就业打下良好的基础。

6. 提升服务发展水平、国际化交流水平，为"一带一路"发展助力

校企建立专业群产学研中心，围绕国家重大战略和区域经济社会发展需要，对接国家精准扶贫，服务乡村振兴战略，面向在校学生和全体社会成员开展职业培训，主动承接政府和事业单位组织的职业培训和考试工作，按照国家相关要求组织开展面向退役士兵、下岗职工、农民工和新型职业农民的职业技能培训，服务社区教育。

四、条件保障

1. 组织保障

学校建立品牌专业建设项目工作领导小组，由学校领导担任组长，专业系部主任为副组长，聘请专家团队做好顶层设计，加强项目的全面、全程管理，确保建设项目的落实。品牌专业群工作办公室设在艺术设计系，负责制订项目方案，并落实项目方案的实施、推动、检查等工作。下设5个专业建设工作小组，按照学校品牌专业建设中的要求，负责各分项目的实施，以保证此项工作的顺利进行和预期目标的实现。以学校科学评估科、教务科、督导室为主建立项目建设监督小组，依据项目建设任务书的预期目标和验收要点，对各项目建设工作的进度和质量实行监督检查。

2. 制度保障

制定《广西理工职业技术学校品牌专业建设实施方案》，明确品牌专业建设工作相关的学籍管理、教学过程管理、考核评价与督察、质量监控机制、师资队伍建设与激励等方面的内容，为学校品牌专业建设的实施提供全面科学的制度保障。

实行项目建设情况检查通报制度，定期检查并公布项目进展情况，及时反馈项目执行过程中存在的问题并进行整改。

实行项目小组例会制，定期与企业方沟通项目完成情况，向学校领导、企业领导汇报各子项目进展情况，并接受项目领导小组、监督小组对项目完成质量和效果的监督、检查和指导，确保各子项目按照既定的质量标准和进度完成。

3. 经费保障

上级财政经费投入：学校积极争取以获得上级主管单位广西壮族自治区工业与信息化厅的支持，同时积极向广西教育厅争取申请广西中等职业学校品牌专业项目的建设立项，争取经费开展建设。

学校及企业投入：学校自筹经费纳入学校年度预算，确保资金足额到位。充分利用品牌专业的品牌效应，通过校企共建实训基地等方式，多渠道、多途径筹集建设经费，确保建设项目顺利完成。

五、主要成果

建筑装饰专业是我校重点建设专业、自治区级示范性专业，是广西中职学校最早开设的专业，是我区创新发展九大名片之一的传统优势产业的特色专业，是广西职业教育专业发展研究基地的核心专业。建筑装饰专业品牌专业建设，完善了符合专业发展的人才培养方案，打造了由国家教学名师领衔、结构合理、教学经验丰富的教学团队，并与多家企业合作，工学结合，产教融合成效显著。

六、体会与思考

在构建建筑装饰品牌专业的过程中，落实立德树人的根本任务，以服务产业链的转型升级和结构调整对人才的需求为导向，建筑类专业与 10 多家建筑企业开展合作，搭建"共享工地"，形成校企协同育人共同体，推进人才培养模式改革。聘请行业、企业专家与校内教师共同修订人才培养方案，瞄准建筑装饰产业发展，融合 BIM 技术、装配式建筑施工技术，及时将产业领域新技术、新工艺、新标准融入专业课程体系和教学内容，实现人才链与产业链的有机统一。围绕人才、机制、资源、文化、基地、成果推进"共享工地"，带动专业群各专业在创新人才培养模式、深化专业课程体系改革、加强"双师型"教师队伍建设、夯实基础教学与实训能力、提高教学与实习管理水平、提升服务发展水平等方面全面创新改革。培养出高素质的技能型人才，引领建筑装饰行业人才发展，发挥建筑装饰专业对专业群的辐射和引领作用。

建筑装饰专业与民族技艺传承

一、背景

学校建筑装饰专业（民族技艺传承方向）充分发挥民族建筑技艺名师的社会影响力，通过政府、教指委、名师、学校与民族企业五方联动的平台，依据"活态"培养模式，引入培养民族建筑技艺新生代传承人的"三级三融"课程体系，定向扶持，并培养新生代传承人。

二、工作过程

依据民族建筑技艺新生代传承人"活态"培养模式，传承保护"非遗"民族文化，让民族建筑技艺代代相承。引进民族建筑技艺名师，通过现代学徒制体系培养民族建筑技艺新生代传承人。构建"三级三融"课程体系传承民族建筑技艺，推动民族建筑技艺传承。通过"活态"培养产生更多的民族建筑技艺新生代传承人，充分发挥政府政策引导作用、民族建筑技艺教指委统筹指导作用、民族文化企业与学校双主体作用、民族技艺名师核心技能传授作用，形成联动的有效合作关系，构建协同育人、协同创新机制。

1. 聘任民间名师为指导专家

通过聘任中国民族建筑工艺名师和民族建筑技艺名师等一批名师为指

导专家，借助权威专家的核心民族建筑指导和传承，托举民族建筑技艺新生代传承人走向业界。

2. 构建民族建筑技艺新生代传承人"三级三融"课程体系

以技能传承与创新能力、学习能力与职业素养、专业知识与实训操作三大技能为融合，将学习能力、职业能力和职业素养贯通初级、中级、高级课程的始终，能有效地培养民族技艺新生代传承人，实现"三级三融"课程体系的构建与改革创新。

3. 传承创新，协同育人

依托政府引导、教指委指导、名师传承、学校与民族企业联动传承创新、协同育人的特点，定向扶持，名师引领"活态"培养新生代传承人。紧密围绕名师的核心民族建筑技艺、技能，结合民族建筑技艺新生代传承人"活态"培养的实际，由名师带领核心师资队伍共同主持完成民族技艺的相关民族文化项目。例如：2013 年 7 月，民族工艺品模型《侗族民居》（如图 11-4 所示）代表广西参加全国职业院校学生创新技能作品展洽会项目，获全国一等奖，并在展会期间得到了各界领导的指导及肯定；2015 年 7 月，民族工艺品模型《壮族民居》（如图 11-5 所示）等系列作品代表广西参加全国职业院校学生技术技能创新成果交流赛，获全国一等奖 1 项，二等奖 3 项；同年 9 月参加 2015 中国—东盟职业教育联展暨论坛学生技术技能展，我校民族工艺品模型获一等奖 1 项，二等奖 1 项，并获得自治区领导及来自东盟各国友人的一致好评。鼓励名师带领团队和学生开展民族建筑模型技艺基础与教学传承相结合研究，解决民族建筑技艺面临失传、民族建筑技艺产业化水平低的难题，在民族文化传承中使新生代传承人的身影生生不息。

4. 充分发挥政府、教指委和企业的作用

通过民族建筑技艺名师"传帮带"模式，带领新生代传承人参加各种社会活动与组织工作。例如，名师谭湘光带弟子手工制作的壮锦袋样板，成为 1995 年在北京召开的世界非政府组织"妇女论坛会"的会议文件袋；带领工厂试制全国民运会会徽和吉祥物图案壮锦袋，在全区五家同行中以质量取胜，接到民运会手工制作壮锦产品订单。

图 11-4　民族工艺品模型《侗族民居》

图 11-5　民族工艺品模型《壮族民居》

5. 经费保障

依托各种民族建筑技艺科研项目，为民族建筑技艺名师和新生代传承人提供国际学术活动经费保障，鼓励并优先派遣新生代传承人参加国际重大学术会议，并做学术交流汇报，在省级、国家级知名期刊发表学术论文，参编民族建筑技艺专著，提升新生代传承人的国内外影响力。

三、主要成效

（1）促使新生代传承人积极创新，解决民族建筑技艺传承缺失的难题，在民族文化传承中起到积极的推动作用。

（2）提高新生代传承人技艺水平和创新能力，使传统民族建筑技艺有更新更好的发展，促使新生代传承人成为"非遗"保护的开拓者，依托政府引导、教指委指导、名师传承、学校与民族企业联动，"活态"培养出更多专业型民族建筑技艺人才。

（3）有效促进民族建筑技艺传承课程体系的教学改革，有利于构建"三级三融"课程体系。

（4）充实民族建筑技艺新生代传承人后备人员队伍，壮大民族建筑技艺的影响力。

四、经验做法

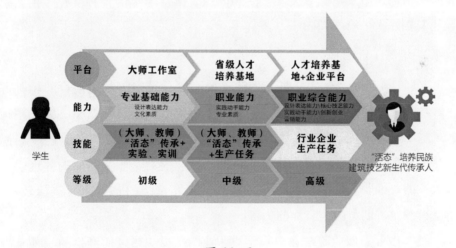

图 11-6

（1）聘任在民族建筑技艺行业中知名度高的名师为民族建筑技艺核心技术标杆指导，邀请教指委权威专家为指导专家，引入企业能工巧匠做客座教授。

（2）依托政府引导、教指委指导、名师传承、学校与民族企业联动传承创新、协同育人的特点，定向扶持，名师引领"活态"培养新生代传承人，由名师和指导专家带领新生代传承人主持科研项目。

（3）充分发挥民族建筑技艺名师的社会影响力，带领新生代传承人进入国内外民族建筑技艺传承的团体组织。

（4）为民族建筑技艺人才提供国内、国际学术活动经费保障，推选新生代传承人参加国内外重大学术会议，并做学术交流汇报，在省级、国家级知名期刊发表学术论文。

五、下一步工作考虑

1. 依托校企合作的平台，秉承师徒"代代传承"的教育理念

推举名师与新生代传承人在民族建筑技艺传承和"非遗"保护中担任职务，分层带领，使新生代传承人成为民族文化领域技艺型人才。进行传统文化授课和培训，让学生学习掌握非遗技艺，亲身感受非物质文化遗产的无穷魅力和特有的文化价值，帮助学生开阔眼界，提高学生的道德素养和人文情怀，激发学生对美好生活的向往，丰富学生的精神文化生活，引导他们扣好人生第一粒扣子。

2. 培养工匠精神

"工匠精神"是社会文明进步的重要尺度，是中国制造前行的精神源泉，是企业竞争发展的品牌资本，是员工个人成长的道德指引。工匠精神就是追求卓越的创造精神、精益求精的品质精神、用户至上的服务精神。工匠精神是一种职业精神，是职业道德、职业能力、职业品质的体现，是从业者的一种职业价值取向和行为表现。工匠精神的基本内涵包括敬业、精益、专注、创新四个方面的内容。

（1）敬业。敬业是从业者基于对职业的敬畏和热爱而产生的一种全身心投入的认认真真、尽职尽责的职业精神状态。中华民族历来有"敬业乐群""忠于职守"的传统，敬业是中国人的传统美德，也是当今社会主义核心价值观的基本要求。

（2）精益。精益就是精益求精，是从业者对每件产品、每道工序都凝神聚力、精益求精、追求极致的职业品质。所谓精益求精，是指已经做得很好了，还要求做得更好。

（3）专注。专注就是内心笃定而着眼于细节的耐心、执着、坚持的精神，这是"大国工匠"必须具备的精神特质。从中外实践经验来看，工匠精神意味着执着，即几十年如一日的坚持与韧性。"术业有专攻"，一旦选定某行业，就一门心思扎根下去，心无旁骛，在每一个细分产品上不断积累优势，在各自领域成为"领头羊"。

（4）创新。"工匠精神"还包括追求突破、追求革新的创新内蕴。古往今来，热衷于创新和发明的工匠们一直是世界科技进步的重要推动力量。

3. 民族建筑技艺与信息时代接轨，利用网络平台进行文化宣传

21世纪是信息时代，资源是全社会可以共享的信息资源。利用网络平台进行民族建筑技艺文化宣传。在信息时代的今天，艺术行业作为一种特殊的行业，市场的繁荣也需要信息共享和网络营销。

（1）树立网络品牌。首先，在互联网上打造建立校企合作的网络品牌，并对此品牌进行推广。其次，形成网络品牌，这一阶段最重要的是广告宣传和口碑效应。

（2）网站推广。网站推广的目的是向广大用户提供营销信息，服务顾客，进行网上调研，处理顾客群的关系，等等。

（3）销售促进。为增加销售提供支持，针对性地进行网上促销。例如，可以把我校建筑装饰专业民族技艺进行分类，包括装饰类、技术类、设计类、工艺类等。

（4）信息发布。通过各类网站发布信息，包括第三方平台类网站和校企合作自建网站等。

（5）市场调研。市场调研对网络营销而言是十分重要的一个环节。它具有调查周期短、成本低、调查数据处理方便、不受地域和时间限制的特点。比如，像民间剪纸这类艺术品，本来就很分散，不好整合，通过网上的市场调查来收集数据和了解消费者喜好就十分有必要。

4. 培养职业需要的专业性

本专业主要培养具有较强的艺术设计思维能力，掌握艺术设计的基本方法和专业技能，具备良好的综合专业能力和职业素养，具备一定的创新

设计能力以及较强的设计能力和制作能力，具有较强的市场意识和市场竞争能力，掌握建筑装饰市场的基本运作知识，能在建筑装饰设计与应用领域、艺术设计机构从事建筑装饰设计、教学、管理和科学研究等方面工作的专门人才。

（1）面向社会培养专业性强的就业岗位：室内设计师、室内设计师助理、CAD 绘图员、装饰美工、建筑装饰工程监理等。

（2）相关职业岗位：家装业务员、装饰工程施工与管理人员、装饰工程预算人员、装饰艺术设计人员。

（3）发展职业岗位：平面设计师、包装设计师、展示活动设计师。

03 引进名师，产教融合

一、实施背景

随着信息化时代的到来，人们的生活水平不断提高，对物质文化的需求也随之增加，将我国工艺美术行业的发展推向了历史的新高峰。与此同时，人们的审美观念也在不断提高。这给工艺美术专业人才提出了新的挑战的同时，也为工艺美术专业人才带来了广阔的、多元化的就业前景。

我校工艺美术专业开设于 2003 年，是国家示范性专业。现有专任教师 36 人，其中，专业带头人 5 人，高级讲师 7 人。教师具有扎实的理论基础和丰富的实践教学经验，学校的专业实习实训设备先进。开办 17 年来，学校始终坚持以培养学生的职业道德和职业能力为宗旨，坚持"职教围绕产业而发展、产业依托职教而壮大"的办学理念，通过深调研、换思路、多方向的研讨，发挥学校专业优势和社会服务功能，确定了为广西地区工艺美术类企业培养培训实用型技能人才的工作目标。

二、主要目标

深化以"工作室制"为核心的理实一体化人才培养模式改革，让学生真正与社会及实际工作接轨，亲身体验在"做中学、学中做"。把实际项目引进学校，让学生无论是从理论还是从实践都能适应社会需求，为社会培养合格的实用人才。

充分发挥专业优势，选派专任教师深入工艺美术类公司或企业，"点对点、面对面、手把手"地进行专业化技术培训。同时，发挥我校专业设备优势，将企业里、行业内的知名工艺美术师与名师引入校内，对我校学生进行培训，提升学生的职业素养、职业技能，使其满足对新技术、新设备的行业发展需求。

以工艺美术专业对企业职业岗位（群）人才的需求为依据，学校树立以"就业为导向、素质为本位、能力为核心"的办学理念，培养技术应用和艺术创新能力兼备，并能胜任企业工艺设计、广告设计、造型设计等岗位的实用型技能人才。

三、工作过程

1. 深入企业调研，找准专业定位

工艺美术专业教师先后到广西荣泰工艺品有限公司、广西威力达工艺品有限公司、广西金铁牛工艺品有限公司、广东森鼎工艺品有限公司等十几家企业，以及广西旅游专科学校、桂林师范高等专科学校等大中专院校进行深入调研。通过与企业领导、一线知名工艺美术师的座谈及问卷调查，发现现阶段我校工艺美术专业有以下不足之处：

（1）校内实训基地建设虽然取得了一定的成绩，但在模拟仿真实训教学上存在不足，无法满足新型人才培养需求，学生岗位职业能力无法得到提升和拓展。

（2）工艺美术专业教学改革取得了一定的成效，但与岗位实际贴近的实训教材和信息化教学资源有待进一步开发。

（3）专业带头人的专业建设能力和骨干教师的实践能力需要进一步提高，兼职教师资源库需要进一步完善。

（4）实训场地的软硬件设施建设还有待提高，为适应社会发展需求而开发的新专业所需的软硬件及技术支持还有待完善。

（5）在校生由于缺乏实际的企业工作经验，对第一线工作流程不熟

悉，对先进的设计理念不了解、不理解。

针对以上问题，我校采取了制定名师工作室制度，建立工艺美术名师工作室，聘请名师入校等措施。用"请进来、送出去"的方法应对教育教学上遇到的问题，提升学生的就业能力。

2. 认真规划教学，科学实施改革

通过调研，学校与企业按照企业生产实际情况，签订校企合作协议。我校以工艺美术企业工作流程为依据，教学实训以由浅入深为原则，改革课程体系。根据工艺美术"模块式项目包"课程的培养体系，积极探索适合本专业课程的教学方法：采用分层式教学，针对不同层次的学生设计多样化的教学项目，充分调动学生的学习积极性，使学生个性得到充分的发展；采用任务驱动、案例教学、情景教学，使抽象的课程内容具体化、形象化；采用项目式教学、讨论式教学，促进学生由被动学习转变为主动学习；采用模拟教学，根据岗位需求设计工艺美术效果图、产品包装制作、工艺制作、相册挂历名片制作、产品模型制作、工艺插花、工艺设计软包装等教学项目，提高学生的综合运用能力和岗位适应能力。

（1）按工艺美术制作与施工流程的顺序设置课程体系。按工艺美术制作与施工流程的顺序安排课程体系，并制定工作室实训制度。这是我校工艺美术专业课程改革的一大亮点。根据工艺美术制作与施工流程的顺序，将课程设置为：策划阶段—方案阶段—施工阶段。这种根据企业的岗位和工作流程来设置课程的思路和想法，为我们修改和确定工艺美术专业课程体系提供了蓝本。

（2）依据教学规律，由浅入深、循序渐进地安排课程体系。我校专业课程第一课就是专业认识，让学生全面了解工艺美术专业到底是一个什么样的专业，要学什么样的课程，以及要运用什么样的软件等。软件的学习是按照学生认知发展规律来规划的：平面软件—二维设计软件—三维制作软件。对于三维制作软件的学习，我校也有比较详细的分类进阶：三维基础—三维制作—三维场景—三维高级语言及动画—利用三维软件进行产品立体创作。

（3）强调课程的联系性。在制订教学计划的时候，我们意识到，课程是独立的，但课程之间又是相互联系的。从我校的课程设置可以看出，课程之间的联系是非常紧密的。同时，从市场角度来看，课程设置要满足企业对多种岗位人才的需求。比如，现场工艺制作课程，不仅是对现场工艺制作的技能学习，同时也要学习工艺设计和工艺制作的相关理论知识。首先，在教材选择上，应充分考虑其先进性、实用性、综合性，保证教材编写实例与工作流程对接；其次，在实训工艺中，按企业标准建设，保证实训基地环境与企业实际工作环境对接；然后，在授课教师的选择上，首选合作企业的首席设计师、知名的艺术项目经理以及大中专院校相关专业的著名教授与专业能手任教，我校则以工艺美术专业的学科带头人、骨干教师任教或协助教学工作，保证任课教师与企业专业技术人员的对接；最后，同时选派专任联络人，根据企业生产实际和学生实训实习的工作情况，及时与学校沟通，调整教学计划、授课时间、授课地点，确保教学过程顺利实施。

针对实训学生时间短、任务重等实际情况，在培训过程中，采用以任务驱动为主，注重实训任务与生产实际相结合的教学方法，提高学生的学习兴趣，缩短理论教学与实际操作的距离，增强学生的操作能力和协作能力。学习内容结合企业生产管理经营服务的全过程，实现了与岗位相对接，达到了学生能快速上岗并适应岗位需求的目的。

3. 深化校企合作，建立校内实训工作室和名师工作室

学校与企业共同创立校内实训工作室，签订校企合作协议，引进企业中的优秀设计师兼职教学工作，将企业的发展动态、企业文化建设融入到校园中。既满足了企业对学生实际能力的要求，也为校内学生能够掌握实际设计能力提供了便利。

4. 创新学生评价体系

成立以学校为主体，政府、行业、企业等共同参与的学生质量评价委员会。制定学生学业考核标准，制订学生学业质量评价考核方案；邀请企业人员参与学生学业评价考核，按照企业用人标准构建学校、行业、企业等多方共同参与的评价机制；组织学生参加全国、省、市、校技能大赛，形成校内（实习）实训、企业（顶岗）实习、技能大赛等多元化评价形式。

四、条件保障

1. 双方共管

学校与企业共同制定了相关的管理制度，明确分工细则，认真管理，严格考核，互相监督。

2. 师资保障

加强"双师型"教师队伍建设。学校积极组织专任教师参加培训，企业派遣品德高尚、业务能力突出的专业设计人员担任培训教师。

3. 硬件保障

学校不断更新完善实习实训设备，建立工艺美术工作室，扩建广告工作室和动漫工作室，满足对学生的实训需求。

4. 政府支持

民族职教专委会对我校在软硬件设备更新、教师综合能力提升、政策倾斜等诸多方面给予了大力支持。组建监督管理办公室，由专人负责监督我校的整体建设和成果实施工作进度，促进我校社会服务能力的提升。

五、成果、成效及推广情况

1. 在教育教学及社会服务中的应用效果

工艺美术专业是我校的特色专业，是广西壮族自治区民族文化实训基地主要核心专业之一。其教学成果使近万名学生受益，近五年毕业生就业率均在96%以上，学生接受民族企业订单作品360件，商业价值达108万。学生在全国全区技能竞赛中获省级以上（含省级）奖项40项，其中，全国一等奖3项，全区一等奖5项。

2. 持续提升教师教研水平，教改科研成果丰富

近年来，我校教师教研能力持续增强，科研成果丰富。工艺美术专业教学团队成员中龙春琳、李佳等多位教师被评为工艺美术师；伍忠庆、邓春雷、吴平、黄晶晶等多位教师创作的工艺美术作品获得广西工艺美术展"八桂天工奖"银奖；教学团队发表论文共计35篇，出版教材2本、专著

3 部，取得国家专利 20 项，教师科研水平位列学校专业前列。

3. 校内及区内外应用推广，影响力和效果良好

近五年来，在广西理工职业技术学校、广西北部湾职业学校等 5 所学校及校内各系部推广应用本项目成果。在各类专业交流活动上发言 50 余次，30 多所区内职业学校、20 多所区外职业学校先后来我校参观学习。在项目研究期间，广西壮族自治区人民政府副主席黄俊华、自治区政协副主席高枫等省级领导莅临工作室，慰问项目负责人陈良教授，并对本项目成果给予了充分的肯定，该项目成果被广西电视台、《中国民族教育》杂志、广西新闻网等 10 余家媒体先后报道。

4. 响应"一带一路"，提高国际辐射力和影响力

组织参加中国—东盟职教联展暨论坛学生技术技能展。在展会上向来自泰国、马来西亚等东盟国家领导宣传中国传统民族技艺。本次国际展览，我校获一等奖 2 项，二等奖 5 项，三等奖 6 项，国际辐射力和影响力日益增强。

六、体会与思考

实训工作室制度实施五年以来，与本市十几家企业进行了合作，由最初到企业调研到企业主动上门要求技术培训合作，实现了我校人才培养模式改革的目标，大大提高了学生的实践能力和岗位适应能力，为企业输送了一大批懂理论、会技能的专业人才。

在我校与企业的冠名班交流座谈会上，广西荣泰工艺品有限公司副总经理凌炜明动情地说："感谢广西理工职业技术学校各位领导发展的这个平台，为我们的企业能够招揽到实用人才提供了途径，节省了实习设计师的实习时间，提高了工作效率，为我们的企业发展注入了原动力。"

通过名师工作室制度的实施，我们深深地体会到：职业教育的发展必须依托企业，依靠名师，贴近实际，走校企合作之路；学校名师工作室的发展离不开政府的支持，离不开上级主管部门的关心，更离不开企业方面的积极配合与支持。

"工艺美术专业深度服务与发展广西文创产业"的研究与实践

一、实施背景

1. 历史背景

针对传统文化的继承和发展,习近平总书记特别指出,"中华优秀传统文化是中华民族的突出优势,中华民族伟大复兴需要以中华文化发展繁荣为条件,必须结合新的时代条件传承和弘扬好中华优秀传统文化",强调"要推动中华文明创造性转化、创新性发展,激活其生命力"。中国是一个具有 5 000 多年历史的文明大国,华夏的历史文化通过代际传承。近年来,国家也非常重视优秀传统文化的继承和发展,工艺美术就是一个国家、一个民族看得见、摸得着的文化实物载体。

2. 时代背景

在中国的历史长河里,工艺美术产业早就已经兴起,但由于社会的封闭和技术的落后,产业规模受到一定的限制。在新中国成立之后,工艺美术产业逐渐得到发展与扩大。在 2000 年,我国中共中央第十五届五中全会明确指出,要将文化产业发展提上日程;随后,在 2003 年,我国十六届三中全会也提出了这一观点,表示要将文化产业作为一个全新的经济增长点。我国针对文化产业发展制定了很多相关的政策,这足以看出我国对文化产业发展的重视。目前,我国的工艺美术产业虽然得到了很大的发展，但是，在发展过程当中不难看出，还存在发展建设较滞后这一问题。由于特殊时期的社会发展需求，资金匮乏、工业化技术缺失，大工业生产无法迅速建立起来，能够满足人民日常文化生活的民间工艺美术和民间手工艺通过作坊式手工生产进行快速的恢复。20世纪中后期中国民间工艺美术经历了两次发展高峰。在2003年至2013年这十年期间，我国的工艺美术产业就已经进入了一个发展比较快速的阶段：在2010年的时候，工艺美术产业一年的产值就高达8 000亿元人民币，两年后，已经超过了1万亿元人民币。在我国颁布"十二五"规划之后，工艺美术产业平均每年的产值都会上升20%。直到近几年，由于宏观经济的调整和市场的萎缩，工艺美术产业生产速度明显下降：在2011年业务收入为36.17%；到2012年和2013年的时候，分别跌到了27.1%和22.61%；在2015年年底时，已经下跌到了1.13%；而2016年要比2015年高出2.88%。此时，工艺美术产业的利润上升速度也发生了巨大的波动，从2011年的39.52%，直接下降到了2013年的18.46%。近些年来，工艺美术企业的数量和平均利润有了很明显的增长：在2011年的时候，我国还只有3 000多家企业，到2016年年底，已经扩大到了5 000多家，企业平均利润从原本的200多亿元人民币上升到了600亿元人民币。2017年1月~12月，全国工艺美术产业累计完成主营业务收入10 654.83亿元，同比增长7.39%。从"十一五"规划至"十二五"规划以来，我国工艺美术产业一直呈高速增长的态势。在工艺美术企业规模上，我国工艺美术产业的规模也有了显著的上升。

当前，人们生活水平提高，文化产业、旅游业、家居装饰产业蓬勃发展，与之联系紧密的工艺美术产业已经成为我国经济和社会发展新的增长点。

3. 工艺美术职业教育背景

在职业教育发展过程中，许多职业院校积极根据市场需求、区域特色和就业途径，相继开办了各种相应的专业。工艺美术专业也在这股发展浪潮中脱颖而出，并为社会培养了大量具有一定应用能力与操作能力的职业人才，为社会需求提供了保障。但是，当前不容乐观的是，许多职业院校工艺美术专业在人才培养和就业的关系上出现了严重的脱节，严重影响工艺美术专业的发展。因此，必须改变传统的人才培养模式，创建与社会接轨的人才培养机制。

根据地方特色与专业结构特点，找出最适合、最有效的专业培养方案。可以以地方特色的传统技艺品种进行整合，例如南宁红陶艺术、坭兴陶、壮锦技艺和民俗服饰在工艺美术专业的教学实践中缺乏创新教学方法，专业技术人才培养与企业岗位人才需求标准不相符，技艺人员队伍难以为继等问题。大部分的文创企业还是采用传统的学徒制培养模式，职业教育领域也缺乏完善的工艺美术专业课程体系和继续教育体系，学校和企业之间开展合作育人和岗位互换活动还没有形成常态。因此，探索出有效的工艺美术专业人才培养模式是开展工艺美术学校教育和终身教育的重要前提之一。

二、工作目标

1. 总目标

研究国家对于工艺美术行业的扶持政策和发展性文件，确定以传承文化和发展专业并举的基本思路，以校企深度合作，加快专业服务与发展广西文创产业方式转变为主线，以提升工艺美术专业发展层次、丰富工艺美术专业品牌建设内涵为核心，通过校企多层次、多方位建立深度合作关系，进一步提高和加大中职学校工艺美术专业的人才培养水平、专业师资队伍建设能力、名师工作室建设能力和品牌专业发展力度，不断提升中职学校工艺美术专业服务广西文创产业的创新能力和实践技术水平。

深化中等职业教育教学改革，加强专业建设，密切校企合作，促进教师专业成长。搭建工艺美术专业服务广西文创产业的人才培养的平台，对其他艺术类专业起到示范、引领、带动和辐射作用，促进学校和企业之间在课程建设、专业教学、"双师型"教师培养、实训基地建设等方面的深度合作，不断提升中等职业教育工艺美术专业的办学质量，注重实训，与市场接轨，增强学生的就业竞争力。

2. 分目标

（1）校企深度合作，提升教学质量，完善专业建设内涵。

（2）创新校企合作模式，名师工作室、项目工作室的可行性研究与实践。

（3）工艺美术专业深度服务与发展广西文创产业的途径和方式研究。

①建设校企合作体制机制。建立校企合作专业建设委员会，推进校企合作体制机制建设。与梦祥公司紧密结合，坚持校企深度融合，引进行业标准和企业真实工作项目，实现"生产服务教学，教学推动生产"互利共赢的合作效果。

②改革人才培养模式。以区域产业发展对人才的需求为依据，从区域产业结构调整、支柱产业结构出发，促使工艺美术专业结构与区域文化创意产业结构相对接，实现专业与产业无缝对接。明确工艺美术专业目标，培养面向设计公司、广告制作公司等工艺产品领域的企事业设计与制作类单位，实现"基础培养阶段—生产熟练期阶段—顶岗实习期阶段"渐进式人才培养模式，让学生自始至终在"学中做，做中学"中掌握相关专业知识和操作技能，最终实现人才培养与社会需求的零距离对接。

③课程体系构建与课程建设。通过校企深度合作，与企业、行业共同制订专业人才培养方案，共同实施参与教学过程、研发专业教材、搭建学生就业服务平台的人才培养机制，构建课程体系和企业的生产过程对接，实现专业教学要求与企业、行业岗位技能要求相结合。完成专业课程内容与职业标准对接，推行"双证书"制度，保证学生学成毕业，学历证书与职业资格证书两两对接。夯实工艺美术专业在职业成长规律中的"美术+技术"技能培养。

三、工作过程

1. 校企深度合作机制保障研究

学校和企业是校企合作的两个共同体，在价值取向上应该实现双方利益的最大化。通过深度合作，共享人才培养成果，在共享利益、共担培养责任，以及建立长效合作保障机制的基础之上，校企合作才能长久的发展下去。经常存在的问题主要是学校仅仅对学生实习安全负责，对企业生产效率和经营利益的考虑不够充分。学校认为，企业在教育中处于辅助地位,虽然学校就业部门满腔热情地推荐学生去实习单位顶岗实习,却得不到企业的积极配合。而企业认为,自己已经配合学校,并投入了资金、设备和顶岗的就业岗位,但发现企业切身利益得不到保障,导致企业支出多、回报少。因为企业与学校之间缺乏利益的兼容,所以合作基础不牢固。校企之间缺乏有效、完善的合作机制,阻碍了校企的深度融合。因此,本研究旨在通过校企深度合作,制定学校专业教学和企业经营性生产需求相结合的制度规范。充分发挥市场中企业技术人才在资源配置中的优化、决定性作用,通过共同培养技术型人才,创新校企共建工艺美术专业的发展新模式,营造良好的互助合作机制。

2. 创新性

我国传统艺术中工艺美术品类繁多、技艺多样,但在传承上大都秉承了家族式的承袭关系。虽然保留了技艺的独传性,但是同时也显露出了这种产业经营管理模式的局限性和制约性,对工艺美术本身的发展和创新极为不利。如果想改变这种固有的经营理念和模式,就要依托工艺美术专业深度服务与发展广西文创产业的平台,增强自身的适应性,并加快创新的步伐,打破原有的局限模式,学习合理有效的服务管理体制与人才培养模式,丰富业内的传统技艺,在保留自身风格特色的同时融入时代特征,使其具有鲜明的文化内涵和民族特性。就目前的市场现状来看,工艺美术并没有真正实现其自身的历史价值和传承厚度。在被各色信息充斥的时代,更新换代是一件极其普通的事情,要想长远立足,首先要了解专业特色定位,也就是说要了解工艺美术的特色与优势,在市场中寻求共性发展和特性传承,对不断变化的市场需求要快速跟进,从中挖掘出适合职业院校生存发展的立足点,适时转型以适应千变万化的需求,在特色传承中真正做到独立性、创新性和不可替代性,以谋求更高的社会认知和品牌价值,创造更大的经济效益空间和更强的社会文化效应。

在新的历史发展时期,要以科学发展观为指导,以市场经济为导向,依托政府扶持,结合自身特色,积极探索新媒体等时尚元素对提升工艺美术服务理念、改进运作方式等方面的影响,挖掘、阐释工艺美术的历史印象和文化内涵,逐步提升工艺美术的经济价值和社会文化价值。随着市场经济的发展，可将工艺美术的发展与世界接轨，扩大多元化融合，转变经营理念，实现特色突出，多元化辅助的经营模式，也可积极打造网络平台和电子商务等多媒体媒介，对工艺美术进行有效的开发和利用，也为工艺美术发展创新提供有效的战略空间。

3. 项目工作室、名师工作室建设

开展师徒传承、现代学徒制等多种教育模式相结合的专业建设研究。在校内设立名师工作室、项目工作室，鼓励工艺美术名师传徒授艺。扩大工艺美术行业民间的高技能名师在校内传承文化的比例和数量，推动教师拜师学艺，完善在职教师到企业实践的进修制度，提高专业师资培养保障水平。

4. 信息化平台推广、职业技能比赛、"1+X"多技能认证相结合

职业院校工艺美术专业根据自身的情况和条件，积极参加行业活动，多举措提升技艺传承创新，在完善现代学徒制、校内推广"互联网+"电商平台、设立名师工作室等方面促进中职学校工艺美术产业化服务。

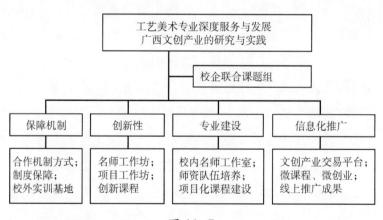

图 11-7

四、保障措施

1. 计划管理保障措施

制订合理的管理计划，运用专业管理机制，对课题计划进行动态控制，并在总计划的基础上分解明确的阶段计划，定期检查计划的执行情

况，及时对课题进度计划进行调整。在课题开展过程中，根据研发进展和各种因素的变化情况，不断优化课题研发方案，保证课题顺利开展。

2. 技术方面保障措施

负责人按照工作内容和计划进度安排课题任务，协调安排研发人员进行课题的顺利研发，积极收集行业最新动态，推广运用新技术，保障项目各部分的衔接。

3. 费用管理保障措施

通过监控成本，分析偏差，采取措施以保证费用满足目标的要求，成本的管理与控制贯穿了项目的全过程，成为实现项目目标的基本要求。

4. 工艺美术服务流程管理保障措施

建立工艺美术服务流程，制定服务规范，保证服务质量。在课题开发过程中，建立了从需求分析、艺术设计、方案设计、详细设计到文创设计的服务流程，制定了产业规范，并定时审核设计、测试方案及创作新产品，提高了工艺美术作品的质量。

5. 其他保障措施

科研项目有别于以基础理论突破为主的科学研究，科研项目本身与社会生产联系紧密。科研项目的价值在于它的创新性，没有技术创新的科研项目就意味着项目的失败。创新程度的大小是衡量项目质量好坏的标准，从项目立项开始，就要通过信息管理跟踪相关领域最先进的技术，并在此基础上进行突破，确保科研成果可应用于实践中，具有推广价值。

五、主要成果与成效

（1）完善机制，形成一定的理论基础。完善了课程体系建设和专业实践教学体系。通过对其他同类职业院校相关专业课程体系的调研，以及对国内外的工艺美术名师与知名专家的意见访谈，围绕工艺美术与文化、设计思维与方法、设计工艺与技术、设计经济与管理四个知识领域构建课程体系，拟定了以实践教学为主体，理论与实践相结合的工艺美术专业课程体系基本结构框架。经过三年的建设，完成了18门课程标准的撰写，编写了相关专业教材。形成具有工艺美术专业特色的精品课程，制订教学计划与教学大纲、编写教案、制作教学课件，形成以培养技能型人才为目标、以材料与技艺为基础、理论与实践相结合的完善的课程体系。

（2）教学模式改革。根据工艺美术专业深度服务与发展广西文创产业的研究与实践，培养技能型人才，强化实践教学模式。实践教学模式注重培养学生的专业技能、实际操作能力、知识转化能力等。在实践教学过程中，形成强调学生的个性与主观能动性发挥的个性教学模式，以及以教师为主导、专业实践教师和技工为辅助的合作式教学模式。

（3）实践教学团队建设。教师是实践教学的主导。建设一支教学理念先进、梯队结构合理、实践能力突出的教学团队是工艺美术专业人才培养的保障。通过对现有教师梯队的结构分析，以及对国内外同类职业院校教学团队的建设考察，制订教学团队建设方案，完成教师梯队结构的合理调整，形成由专业带头人指导带动、以青年骨干教师为主力、鼓励其他教师提高实践教学水平的教学团队建设模式，培养专业方向带头人到国内外同类职业院校学习、交流。

（4）促进工艺美术专业发展，提高实训教学质量。共建与扩建校企合作的校内外实践基地。校企合作实践教学基地是保证教学质量和提升人才培养质量的重要阵地。学校通过与企业的紧密合作，以人才培养、职业培训、技能鉴定、技术服务为纽带，引入企业先进设备、技术人员、技术标准与管理规范，与学校原有设备、师资进行整合，共同创建校企合作的实习实训基地。塑造真实的工作情景，营造职业教育氛围，引导学生完成顶岗实习与生产性项目实训。

（5）加强"双师型"师资队伍建设。加强教师下企业培训制度建设，推动学校与企业共同开展教师培养培训工作。在优秀企事业单位建立专业教师实践基地，安排骨干教师定期下企业，通过积累企业工作经验，在企业和行业中发挥作用。同时积极引进生产一线具有一定实践经验的兼职教师承担相应的教学任务，建设专兼结合的专业教学团队。加强青年教师培养，发扬"传帮带"作用，突出教学团队的梯队建设，形成数量充足、结构合理、德技双馨的专业教学团队。

（6）带动专业群建设。工艺美术专业作为校级重点专业建设，在校企合作体制机制、人才培养模式、课程体系、课程、师资队伍和实训基地等方面建设经验的基础上，全面带动广告设计与制作、多媒体设计与制作，数字媒体等专业的建设与发展，实现改革成果的共享。

（7）职业教育体系框架建设。针对广西文化创意产业发展需求，探索并编制与中等职业教育相衔接的专业教学标准，为技能型人才培养提供教学基本规范。促进中职专业、课程体系、课程内容等的衔接在接口上有更强的相容性、衔接性。

（8）增强专业服务社会的能力。为满足社会多样化发展需求，增强社会服务能力建设，创建以"四大模块"为基础的工艺美术专业资源库。一是课程教学资源模块。汇集精品课程、网络课程建设与网络资源整合，提供跨专业、跨领域的知识共享。二是社会培训模块。推进社会人员培训与资格证书考核服务。三是企业员工技能提升模块。建立企业与学校的密切联系。四是形成终身教育的职业能力拓展模块。提供终身学习服务，实现职业教育与终身学习对接，为已毕业学生的能力再提升提供学习平台与条件。

六、体会与反思

通过一系列专业的改革建设工作的开展，专业发展得到了进一步的提升，特别是在校企合作方面。创建与企业人才岗位紧密衔接的实训基地，并打造了一只具有良好师德、精湛的专业技能的"双师型"教师队伍。

在实施工艺美术专业设置与动态调整机制中，改变专业方向与人才培养模式，优化专业结构布局，提升专业建设水平，促进专业特色发展。进一步加大人才引进力度，增加资金投入，在专业建设、校企深度合作、信息平台搭建等方面给予更深一层的推进，提高专业对人才的吸引力，不断充实和提高教学团队的整体实力，加快专业的发展。要继续加大实践教学条件建设力度，尤其要突出工艺美术专业的实践条件建设，着力培养学生的实践动手能力，发展广西文创产业，增强专业服务社会的能力和人才培养的核心竞争力。

"基于就业能力提升的工作环境沉浸式"的人才培养模式的探索

一、实施背景

广告设计是近十年来逐步兴起的复合型职业。随着我国经济发展进入快速前行的快车道，市场对广告推送的需求不断增加。新媒体数字技术的进步，大大推动了商业美术的发展。虽然广告设计发展前景广阔，但依旧面临着人才匮乏的问题。2019 年广西壮族自治区政府印发《广西职业教育改革实施方案》（以下称《方案》），文中提出，"到 2022 年，全区职业院校教学条件基本达标，推动高水平职业学校和高水平专业、中职自治区示范校和品牌专业的建设，并建设 100 个具有辐射引领作用的高水平专业化产教融合实训基地，达到'双师型'专业课教师占比超过一半的目标"。《方案》提出，"要经过 5~10 年努力，形成具有广西特色的职业教育和培训体系，全区职业教育现代化水平大幅提升"。全面提高中等职业教育发展水平，按照国家关于职业教育教学的最新标准，建立健全以职业学校专业设置、师资队伍、生均拨款、教学教材、信息化建设、安全设施等资源要素为核心的标准体系。将立德树人的教育理念融入人才培养当中，完善德技并修、工学结合的人才培养体系。深化产教融合、校企合作，育训结合，健全多元化办学格局，推动企业深度参与协同育人，推进职业教育高质量发展。以往的职业学校的人才培养模式是以学校和课堂为中心的，改革的方向集中在与用人单位的联系上，此模式下培养出来的人员，往往存在技能单一、技能跟不上行业需要、就业选择面不广、缺乏就业竞争能力、岗位适应能力较差的问题。

为了解决以上问题，亟须创建具有一定特色的广告设计专业。我校广告设计与制作专业将人才培养目标定位于能胜任广告传媒行业前线工作岗位的高素质劳动者和技术技能型人才。依据行业职业能力要求，将学生的实践能力培养摆在首位，构建"基于用工需求"的模块化课程体系，制订人才培养方案。基于前期的调研与多年的教学实践，我校广告设计与制作专业进行了"基于学生就业能力提升的工作环境沉浸式"的人才培养模式的探索，旨在提升人才培养质量。

二、工作目标

结合当下广告行业发展的用工需要，按照"直接上岗，无须岗前大量培训"的要求，改革广告设计与制作专业的人才培养模式，努力打造在全区中职学校中最具特色的广告设计与制作专业。

以企业培养为中心，学校管理为辅助，学生在实训阶段完全沉浸在企业环境当中，以"沉浸式"的教学为手段，对人才培养方案进行改革，延伸向专业课程体系、教学资源、专业实训条件及专业师资队伍等相关工作的改革建设，进一步提升专业建设工作的水平，提高人才培养质量。

三、工作过程

1. 加强调研，切实了解行业用人需求

新媒体时代，人们对媒体平台关注方向有所改变，由原来的传统媒体（印刷品、电视台等）逐步转向手机或者便携式移动平台上来，而且有发展扩大之势。对于广告设计与制作专业的学生来说，展示的东西不变，美学角度不变，而是展示的载体在发生变化，展示的方式在发生变化。通过互联网对广告信息的传播，要求从业人员不仅具备传统美术设计技能，也需要具有移动平台广告推广相关的从业经验，包括部分的手机页面的交互

功能、手机界面设计技能等。市场对此类技术人才的需求也逐步增加。正是针对这一变化，为了提高本专业学生在岗位上的适应性，更好地为地方经济服务，广告设计与制作专业的学生除要掌握基础专业技能以外，还要掌握其他有关计算机网络的知识。因此，在新媒体时代背景下，广告设计与制作专业人才培养面临新的挑战。学校必须紧密结合新媒体时代背景下人才培养的标准，充分分析技能人才的规格需求，构建适应新形势的课程体系，重构课程内容。根据企业、行业用人需求和专业实际情况，在行业专家合作和指导下，共同开发相应的课程及制订人才培养方案，形成相关校企合作报告，如学生就业能力分析报告等。我们把学生就业能力培养任务分为培养多媒体广告案例设计与制作、包装设计与制作、平面广告案例制作、VI 视觉识别系统和新媒体 UI 界面设计与制作五种就业岗位的人才。

2. 建设有特色的校企合作

（1）校企合作制订专业建设方案。依据学生的职业技能发展程度，兼顾实训课程教学，以及企业对人才职业技能的要求，我们改变了原有的"公共基础课→专业核心课→专业方向课→顶岗实习"的课程体系，提出并实施了"公共基础课→适岗实训课→跟岗实习"的基础知识与实践能力并进的课程体系。改革的重点在于"适岗实训课"。所谓"适岗实训课"，就是将专业核心课与专业方向课结合起来，将企业搬到学校里面，学生入学即入企业；"适岗"，即岗位适应实训。这是我们结合多年的教学实践经验总结提炼的方法，简化原有的模拟工作现场教学，在教学过程中真正做到真实环境教学，符合企业对人才需求的教学改革。

（2）基于岗位用人需求建立实训基地。专业课程教学活动实施需要相应的实训场所进行教学实践。为了让学生能够更好地沉浸在真实的工作岗位环境当中，我们在学校里模拟真实的企业生产场地，进行现场授课，同时对实训场地进行了改建扩建。由学校提供场地、人员，企业提供设备、技术、市场开发，既能满足学生的教学实训需要，又能承担企业产品生产、技术研发等经营活动。

（3）培养德艺双馨师资队伍。学生就业能力的培养和提升与教师队伍的成长密不可分。我们在建构"基于学生就业能力提升的工作环境沉浸式"人才培养体系的同时，深度开展校企合作。企业在培养学生的同时，提升了教师队伍的教学能力。此外，学校积极培养专业带头人、骨干教师和"双师型"教师，引进一批年轻教师，聘请行业名师、实操专家作为专业兼职教师驻校指导，校内教师外派跟岗，通过"引进来、走出去"等多种途径和方式，打造一支年龄、学历与职称结构合理，专兼职结合，能跟进行业、专业发展的"双师型"教学团队。

3. 积极探索，创新人才培养

（1）与企业设计人员共同制订课程计划、编写教材、授课。学生学习完设计基础、软件操作基础等课程后，就转入专业方向课的学习。由教师与企业设计师交叉授课：公司设计人员负责客户需求分析教学、设计项目的制订、设计作品的艺术效果的讲解、设计任务的分配、项目进度表的确定等；学校教师负责任务的监督与跟进，如有设计问题，可先由教师进行解答，当教师无法解决时，及时与公司设计人员进行沟通。

只有充分发挥学生学习主观能动性，提高学生学习兴趣，才能逐步提升技能。我们将"综合实训课"改为"适岗实训课"，即学生入学后就进入企业岗位的适应阶段。我们与企业进行深入合作，将校内的广告专业的实训基地改造成企业的办公场所。学校提供各种优惠服务，让企业减少大量的运营成本。适岗实训可分为以下三个层次：

第一层次为岗位认知。安排在第一、二学期，学生通过在工作现场的教师授课和学习，完成基础技能训练及相关基础理论知识学习。一些相对简单的广告项目，如名片制作、宣传海报 DM 项目等，可以直接作为实训任务让学生进行实际操作，最后由教师进行现场点评，选出最优秀的作业提交给客户。如果项目有偏差或者有需要修改的部分，可以由企业的设计师继续加工完成。这样，学生既可以得到实战训练，也能获得部分劳务费，还可以调动其他同学的学习积极性。

第二层次为岗位适应。主要是岗位适应性的训练，安排在第三、四学期。有了第一层次的岗位认知后，学生开始尝试着接触企业的真实项目。此阶段的教学为真实的商业项目，教学内容直接来源于市场与真实的客户订单，实训作业的要求直接来源于客户的需求。先由学生接单，经过与企业员工沟通交流后，进行订单加工制作。如果产品达到客户要求，则直接由学生继续跟进和完善，直到订单完成；如果学生的设计作品与客户需求有所偏差，则由企业人员进行修改或者跟进修改，统筹管理项目进度，直至完成项目。这样，直接由市场（客户）对学生的作业进行评价与客户反馈，学习效果明显真实。由于客户需求不同，难易不均，正好可以锻炼学生的应变能力，同时也能让学生感受到市场的变化，以及客户信息的反馈与学生的学习成绩息息相关，学生能感受到企业的经营理念、市场思维和行为方式等。

第三层次为跟岗实训。主要安排在第五学期。通过试岗，将学生安排到企业司职设计助理。作为设计师的助手，学生不仅可以提升自己的专业技能，还可以通过感受企业文化，了解企业要求、职工行为准则、职业操守、工作规范、安全守则、与客户沟通规范等提升自己的就业能力。

（2）教师与企业专家交替授课。进入专业方向课的教学时，由教师与企业专家交替授课。企业专家根据真实的市场项目，现场讲授项目任务的制订与分配（即学习目标与任务的制订）、客户要求（学习任务要求）的解释、工作进度表的制作等。教师则负责项目的监督与项目完成度的跟进，当遇到技术问题无法解决时，及时与企业专家进行沟通。

四、保障措施

在国家相关政策的指导下，由本专业带头人带领该专业品牌建设工作组成员全面负责、落实该人才培养模式的建设。在建设过程中，落实责任和分工，规范建设行为，严格管理过程，及时归档资料，保证该项目的顺利进行。同时，在学校后勤方面，为企业提供全方位的后勤服务和相关优惠措施，确保企业在学校内正常开展教学工作和生产工作。在学生管理方面，按照中职学生行为管理手册的相关规章制度进行管理，确保学生在思政方面符合国家教育方针路线。当然，仍须依靠行业、企业人员全方位参与，校企双方共同完成课程的建构、教学的改革、实训基地的建设、学生能力的提高、质量的评价等工作。

在实训设施与技术保障方面，我校广告设计与制作专业配备有平面广告设计实训室2间，高配置设计用电脑60余部；广告材料加工与制作实训室1间；广告喷绘印染实训室1间，配备有大型喷绘机2台，小型喷绘机3台，印染机10台，以及灯箱广告制作器材10余套。因此，完全可以胜任企业经营生产。

五、主要成果与成效

（1）完善机制，形成一定的理论基础。学校与企业深度合作，共同完成了18门课程标准的撰写，编写了相关专业教材。创新提出了"基于学生就业能力提升的工作环境沉浸式"的人才培养模式，促进学校与企业深度参与人才培养。

（2）带动课程建设，提升学生技能水平。根据企业对就业人员技术能力的要求，对广告设计与制作专业的实训课程安排进行调整。在沉浸式企业环境教学当中，企业安排主要负责岗位培训的设计师积极参与课程设置，共同上课，共同制订人才培养方案。课程内容紧紧围绕企业用人需求来制订，增强了课程内容与职业岗位资格能力、企业一线岗位工作能力的有机衔接。新的教学模式引入企业"从经营中学习，在经营中改进"理念，形成了沉浸于工作现场过程的一体化教学方案，对专业课程的发展起到了关键作用。

在作为主体的学生方面，让学生沉浸在企业经营的真实环境当中，以经营为目的的行动为导向教学，学校教师负责学生的基础知识教学，企业设计师担当师傅角色，学生的主动性被调动，既锻炼了学生的动手能力，同时，学生的职业素养也得到了提升，在技能与知识方面平衡发展。这些年来，学生专业技能得到了极大的提升，深受用人单位的欢迎，参加各种技能大赛并获奖，从2018年广西职业院校技能比赛首次开设计算机平面设计赛项目以来，我校广告设计与制作专业学生多次包揽奖项。

（3）促进本专业的科研水平发展。我们在进行学生就业能力及新的人才培养模式探索的过程中，形成了科研成果，并向周边同行业进行推广和示范。近五年来，在广告设计与制作专业建设过程中，专业教师队伍在国家级、区级刊物发表多篇论文，以及区级科研立项结题。

六、体会与反思

本次探索是学校基于学生就业能力的培养与企业合作进行的大胆探索和尝试。通过对本专业学生就业能力培养工作的深入开展，本专业在适应行业发展方面得到进一步的改善，创建与企业就业岗位紧密衔接的人才培养方法和实训基地，并打造了一支具有精湛专业技能的"双师型"教师队伍。

在探索过程中，我们体会到，在校企合作中，从教到产之间有一个实习的过程，即教产衔接过程。我们尝试着从校企合作的成本角度去解决教产融合的问题，并有了一定的效果。如果在政策方面能够给予一定的优惠支持，实现学生就业能力的提升将会得到有力保障。

传承地域文化，让文创融入课堂

一、实施背景

根据《文化和旅游部"十三五"时期文化产业发展规划》《广西壮族自治区文化发展"十三五"规划》，制订本行动计划。广西文化遗产资源丰富多彩，是光辉灿烂的中华文化的重要组成部分。依托广西文化文物单位馆藏资源，开发各类文化创意产品，是弘扬优秀传统文化、使中国梦和社会主义核心价值观更加深入人心的重要途径，是丰富人民群众精神文化生活、满足多样化消费需求的重要手段，是推动文化大发展大繁荣、提升广西文化软实力的重大举措。

二、主要目标

"十三五"期间，我们要全面提高文化创意产品开发水平，重点推动各级院校开发文化创意产品课程，成立示范基地，打造具有广西特色、有自主知识产权、在全国有一定影响力的文化创意品牌，建立自治区级文化创意产品开发业务、交流服务平台。力争到 2020 年，全区文化创意产品种类在 100 种以上，逐步形成有创意、竞争力强的广西民族特色文化创意产品体系，推动文化创意产业多元化发展，形成成熟产业链，满足广大人民群众日益增长、不断升级和个性化的物质和精神文化需求。

三、工作过程

"学院派"的传统教学与"商业化""多元化"的设计实践存在诸多差异，特别是在创造力及对文化的接受、理解、传播等方面。实践证明，结合传统文化，以民族性、民族特征为传播主体方向的创新实践课题，可以丰富学生的人文情怀和设计语汇，增强其学习的主动性和综合表现力。艺术设计的超前性往往让设计教育显得滞后，现代设计不仅要满足生活的需求，还要引导社会文化的潮流，这使得当今的教学改革始终处于发展之中，而地域传统文化与时代的发展往往被认为是背道而驰的。因此，只有不断探索艺术设计教育与社会实践之间相互对接的可行性方案，才能使学生时刻保持对设计市场的敏感度，学会发觉地域文化的美，用地域文化体现出适应时代主流发展的设计。

1. 文化创意对当今设计教育的影响力

文化是设计的基础，设计是文化的载体和表现形式。艺术设计的创作与受教育者的设计观念以及对文化的感知力紧密相关。在各国、各民族的艺术设计发展历程中，文化对设计具有很深的影响力，设计始终能反映出不同民族、地域、宗教的文化传统和历史渊源，这种文化的差异性和多样性成为代表各民族精神理念和情感寄托的本质要素。因此，设计作品的表述应当是特定文化的载体，而不能因文化的典型差异成为受众对其认知或解读的障碍。当今科技、经济的快速发展使中西方的传统文化、主流文化及大众文化形成多元并存、百花争放的状态，促进了各地区设计文化的交流与融合，让某些特定文化展现在大众眼前。文化创意产业的繁荣发展形成了极具潜力的创新人才培养空间，也为学生提出了更多的创新创业方向，同时，对学生的人文素质教育和创新创造实践能力提出了更高的要求。文化创意产品的本质是强调向现代商品中融入本土文化元素，以提升产品的文化附加值，对文化创意产品的开发，关键要依托于对本民族传统文化的继承与创新。然而，西方文化的渗透力远远高于本民族文化的凝聚力，导致我们的学生对自身民族文化的知识储备远远低于实际需求。而究其原因，在于我们的艺术设计教育特别是小初基础美术教育疏离了对本民族文化的普及及传播。随着国家日益强大，越来越多的外国人把时尚题材瞄向了我们的民族文化，随之带来的是国内风向对民族文化的突然重视。在全球民族文化浪潮的席卷下，国内外的消费市场对我国民族文化创意产品的需求与日俱增。

2. 在广告设计课程中融入文化创意作品案例分析

（1）课程背景。在文化创意产业发展和面临专业课程转型的双重背景下，作为职业学校，更加应当把握时代发展潮流，培养学生对民族文化的认同感，深度挖掘地域文化的精髓，尤其是让少数民族地区的学生了解自己的民族文化，并发扬民族优良传统。努力拓宽学生眼界，让地域文化走向社会、面向世界。在设计课程中，加入民族传统文化对现代设计的影响，培养学生对民族传统文化的兴趣，并运用到新设计中，是传承民族文化的一个很好的方法。在中职教育中，学生接触的学习内容都较为单一、陈旧，而文化创意理念涵盖面广、涉及领域多，如何整合文化创意理念及地域文化资源，使其规范、系统，并能够通过课程提升学生对文化创意理念与地域文化的认知水平，以便更好地运用于专业课程当中，是目前急需解决的问题。

（2）传统文化传承方式与中职教育教学需要融合。传统的文化传承大多依靠师徒、家庭成员和社会推广等方式。将传统的文化传承方式与职业教育教学相融合，一方面，可以有效保留传统文化的精髓；另一方面，为艺术设计教育模式的创新带来更广阔的发展空间。例如，文创产品设计实训课程大多会邀请传承人或手工艺人深入课堂开展授课或讲座，但授课形式不能停留在传艺的表面，而应当让学生在学艺过程中感受地域文化的博大精深，并让他们自主思考如何进行创新应用。二者的融合既能为地域文化的保护与传承培养更多的生力军，又能提升学生对传统文化的学习和参与热情。

（3）教学成果转化缺少与市场、合作平台的对接。文创产品设计实训课程的教学成果大多停留在作业向作品延伸的层面，缺少与市场、合作平台的对接，需要在实训课程教学中加强对作品向产品的转化力度，借助艺术设计教育与文创产业搭建起来的桥梁，将教学成果推向旅游产品市场，实现产品向商品转化的最终目标。尤其是在引入横向项目的过程中，应当深入挖掘实训教学成果中的经济价值，使学生的应用转化能力得到进一步提高。

3. 文创产品设计实训课程的教学实践与创新

针对以上存在的教学问题，文创产品设计实训课程需要在最大程度上推进地域文化保护、传承、发展与创新，坚持以应用型人才培养为导向，结合地域文化特色，不断优化实训课程的教学内容，使其更有助于当地传统文化的传播与推广。同时，要融合多种教学方法为传统文化传承注入新的活力，并让师生的创作成果与社会实践、文创产业有效对接，全方位促进产、学、研、用一体化。

（1）优化实训课程教学内容。文创产品设计实训课程的教学内容需要融合地域文化特色，深入挖掘当地的文物资源、非物质文化遗产项目和最具代表性的文化旅游资源，对其进行收集、提炼、设计、加工和推广，着重向文博类衍生产品、非物质文化遗产类文创产品和旅游文创产品应用研究领域深化。

以学校教学广告案例与制作课程当中的文创产品包装设计为例，实训课程的教学内容将广西文化遗产——花山壁画作为创作主题，以实践教学为主，穿插理论教学，并借助多种信息化教学手段引导学生学习相关的理论知识，提升学生对家乡文化的传承，加强学生的综合素质能力。理论教学主要围绕广西花山壁画的悠久历史和造型设计展开，并结合包装设计案例知识、创新设计方法、设计方案的构建、设计作品的优化及测评效果，让学生在梳理相关理论知识的过程中，摸索出富有地方特色的文创产品的创意表达方式。实践教学分为三个阶段：前期阶段，以小组为单位进行实地走访调研、文献搜集整理、同类设计案例分析总结等方式，让学生对花山壁画的文化内涵形成整体的了解，有利于中期设计方案的优化与后期作品的完整呈现。中期阶段，提炼和选取各小组前期整理的设计资料，分别选择花山壁画中最具代表性的图腾造型作为设计元素基础，并提炼与创新，根据非物质文化遗产类文创产品的不同应用载体完成设计方案的初次定稿。后期阶段，主要整合、优化中期创作的设计初稿与设计方案，对花山壁画主题文创产品确立两个设计方向，分别为文具用品设计和日常生活用品设计。文具用品设计以文件夹、笔袋、橡皮、印章、尺子和书签等为应用载体；日常生活用品设计主要以帆布包、抱枕、手机壳、围裙、钥匙扣和相框摆件等形式呈现。例如，笔袋设计以动物、人物形象为创意来源，通过原创性插画进行外部装饰，为了便于消费者的使用和存放，笔袋采用了古代卷轴式的包装形态，让消费者在打开笔袋时能深入体验传统的文具收纳方式；而生活用品主要以铜鼓、动态人物形象加以创新设计，配以大胆的用色，让作品具有较强的视觉冲击力，符合现代人的审美。

（2）融合多种教学方法。以应用型人才培养为导向的文创产品设计实训课程，一方面可以将课堂实训与市场调研相结合，让学生在开阔视野的同时提升自主学习能力和创新设计能力；另一方面可以邀请校外专家学者、非遗传承人和手工艺人深入课堂，让他们参与教育教学的全过程，并通过名师的言传身教培养学生的动手能力和创新精神。

课程中着重关注如何发掘、提炼广西优秀民族地域文化，以及如何把这些文化融入广告设计与制作专业课程当中，解决好民族地域文化与现代设计交互融合的矛盾，让学生更好地接受我们的民族文化，构建全面覆盖、类型丰富、层次递进、相互支撑的课程体系，提升广告设计与制作专业学生的综合职业素养和就业能力。

中职学校学生存在基础知识薄弱等客观问题，需要提炼出学生感兴趣、能学懂的广西优秀民族地域文化，按照广告行业工作岗位的新技术、新工艺、新规范的要求，结合中职学校广告设计与制作专业学生的实际情况，开发"企业、课程、思政、民族"双向多融通教材体系。为凸显地域文化，开发具有鲜明的地方特色、民族风格和时代感的教材、课程，不断增强思想政治教育的针对性和亲和力。

在专业课程中，授课老师无声自然地在现代设计中添加传统地域文化知识。这就要求专业课教师具备优秀的文化素养，能够科学合理地设计民族地域文化融入课程教学，而不会让学生觉得突兀、生硬。在进行课堂教学时，要善于用通俗易懂的语言和民族文化中生动鲜活的素材来阐释深奥、抽象的理论，用广西历史教育学生，用广西文化熏陶学生，用广西故事感染学生，用广西成就激励学生，充分利用专业和传统文化资源，坚持知识传授与价值引领相结合，把民族地域文化融入教育教学。在"细无声"中做到"润物"是教师提升自我的明确目标。

四、以文化创意为课题的多元化教学实践探索

1. 学生对文化创意理念缺乏系统认知

文化创意理念涵盖面广、涉及领域较多，如何通过系统的理论教学整合庞杂、碎片化的文化创意理念与地域文化资源，将其转化为系统、规范和科学的优质教学资源，并结合区域优势，不断丰富和完善现有的实训课程教学内容，加深学生对文化创意理念与地域文化的认知水平，以便更好地应用于文创产品的创新设计，将是文创产品设计实训课程确保实践项目顺利开展、应用、转化和推广的重点。

2. 在教学中引入课题化学科竞赛模式

艺术设计的专业特色决定了其教学内容必须具有时效性和先进性。对于与经济文化密切相关的实践教学来说，可以尝试在学生专业技能相对成熟的阶段设置一定比例的竞赛课程，或在实践性强的专业课程中合理引入一些灵活发展的课题化学科竞赛内容，以探索多元化的教学实践模式。与传统教育模式中按部就班的实践内容相比，随时更新的学科竞赛选题多以文化创意功能为主导，具有创新性、前瞻性的优势，给学生提供更多了解专业领域前沿信息的机会；竞赛形式能促进学生发挥自主创新意识和竞争意识，在竞赛过程中有针对性地依据选题方向进行创作；竞赛的模式突破了以往较单一的教学考核标准，使教学成果在更大范围的专业评审中获得充分的检验，为把握创新思维提供良好的参照性，有助于加速其成长的进程；参与竞赛有助于课程内容的改良，能促使学生在自由的创意空间里开拓文化视野、加强市场观念、活跃创新思维。因此，艺术设计实践教学应跟随时代发展的趋势合理进行教学模式的调整，关键是如何引入有意义的竞赛选题，并深入把握设计教学的实践性特点。这就要求我们充分地发挥教师的引导和辅助作用，以互动、交流的方式达到更好的教学效果。

3. 依托地域传统文化优势开发创意选题

我国地域传统文化所蕴含的原质特色和文化渊源，为艺术设计实践教学积累了丰厚的资源。重视和转化地域文化特色已成为当今文化回归的潮流，它迎合了现代设计崇尚自然、立足本土的人文理念。例如，广西北部湾地区独特的地理位置，使其具有良好的地域经济发展优势，浓厚的民族文化和广泛的东南亚市场为艺术设计实践注入了生机。因此，艺术设计教育应重点关注所在地区经济文化的发展现状，探索职业学校在当今文化创意产业领域中的发展路径，加大产学研一体化的教学创新，通过多种渠道整合资源、开展教学合作，开发出具有地域特色的文化创意产品，以增强艺术设计在市场竞争中的原创力。教师也要依据课程教学目的不断开发可行的专业选题。

五、结语

中等职业学校的艺术设计教育在艺术产品的创新、传播、应用方面发挥着重要的桥梁作用，是文化创意产业可持续发展的人才基础。有学者称："中国设计的未来一定是一股非常综合的能量，即融合西方发达的科技，日本极致的工艺，以及中国传统文化孕育下的自然观。"因此，艺术设计教育应保持与文化创意市场的接轨，并结合文化创意产业的发展，有意识地引入具有探索性的学科竞赛课题实践教学内容，以强化学生对设计文化传播功能的多层次理解。

服装设计与制作专业中的传统民族服饰元素

　　传统民族服饰作为传统民族文化的一种载体，具有鲜明的特色，也是必须保留和传承的文化遗产。在传承与发展以传统民族服饰为表象形式的特色民族文化过程中，应当积极主动地拥抱当代文化、贴近当代的主流审美，以焕发出更鲜活的气息，让更多的人能够接受和欣赏。在保留和传承传统民族服饰的同时，将其应用到现代服装设计中，是让传统民族服饰顺应现代化发展，并长久地留存下来的重要举措之一。

一、传统民族服饰的现状

　　传统民族服饰图案精美、色彩斑斓，那些式样、图案、色彩、工艺都凝聚着各个民族的宗教信仰、社会规范、民俗风尚、人生礼仪等方面的内涵。"汉服风"的兴起，使中国特色服饰走进了大众视野，但丰富多彩的民族服饰或带有特色民族元素的服饰在城市的街上却鲜有出现，即使是县城也很难见到，只有节假日到少数民族居住地才能看见有人穿。目前，有的少数民族的年轻人对自己的民族服饰不感兴趣，甚至不愿意穿自己的民族服饰，导致民族服饰无法得到推广，甚至有的民族服饰文化正面临着失传、消失的现象。

二、传统民族服饰元素在现代服装设计中的应用思路

审美本身就具有强烈的时代性。回顾和梳理服装服饰的发展历史，我们会发现，每一个时代的主流服饰都有着各不相同的特点，其中有很大一部分是受到当时的社会环境与经济水平的影响。比如服装制作工艺技术的发展、服装加工生产工具的出现等，都会让当时的服装服饰呈现出该阶段独有的新特征。因此，将传统民族服饰元素应用到现代服装设计领域中时，应当以现代服装潮流为基础，将其独有的民族特色融入当下的服装潮流当中。一方面，这是尊重规律的一种表现；另一方面，以现代服装潮流为基础，有利于最大限度地扩大它的受众群体，也使其能更好地得到推广，让传统民族服饰可以随着当代潮流的步伐，得到更多的关注，从而实现更好的传承与发展。

一般传统民族服饰具有浓烈的地域性色彩，是我国传统民族文化的一种载体。将传统民族服饰元素应用到现代服装服饰设计时，也应将其适当地作为传统民族文化情感表达的符号与标签。以传统民族服装元素中的图案文字为例，以山、水、云、火为内容的自然风景花纹图案是一些少数民族传统服饰的常见图案，它们表现与刻画的是当地民族生活居住与生产作业的环境，抒发与表达的是该民族人民对自然风光的热爱之情。以蒙古族之类的一些游牧民族为例，他们世代居住在草原上，以畜牧为生计，因而，五畜和花鸟等动植物花纹是它们传统民族服饰中常见的图案纹理。这些元素符号都是传统民族文化的象征，也是我们了解传统民族文化的窗口，当传统民族服饰元素被应用到了现代服装设计中时，也应当合理地保留这种情感符号。

三、传统民族服饰在现代服装设计领域中的应用策略

无论是传统民族服饰还是现代服装，都有很多服装服饰基础必备的元素，包括面料材质、图案纹理、服饰工艺、服饰造型、关联配饰等，所不同的是时代审美及地域色彩以及一些其他因素的权重程度。因此，要将传统民族服饰应用到现代服装设计领域中，可以采用以下四种应用策略：

第一，服饰元素融合策略。如同一元素的叠加相融，在色彩纹理中，

可以选取传统民族服饰中与现代服饰大众审美和潮流相同或相近的主元素来融合，或直接叠加在主元素中，又或是将传统民族服饰元素进行微调，让其渗透到主元素当中；又如基础混搭，以传统民族服饰的主体样式为基础，包括剪裁、造型设计、功能性设计等为母版，试着将现代服饰中的潮流元素混入其中进行混搭。一方面，可以让传统民族服饰在保留其特性的同时更具有符合现代审美的时尚性与潮流度；另一方面，可以让这种"潮流型"的传统民族服饰有别于"传统型"的民族服饰而得到更多的关注，并提高它的实用性。值得注意的是，服饰元素融合策略并不是简单地将传统民族服饰与现代服装设计服饰堆叠在一起，而是建立在两者相通、可以互相促进的设计理念之上。比如，从功能性这个角度上看，冬季款式的服饰在某些设计细节上必须考虑保暖这一基本需求，对比传统民族服饰是如何做到的，现代服饰又是如何做到的，只有抓住同一种设计需求下相融的不同设计理念才能够彼此碰撞擦出火花，从而使得传统民族服饰焕发出新的活力。

第二，品牌开发联动策略。品牌开发联动策略也是将传统民族服饰融入现代服饰的途径之一。服装设计师可以在将传统民族服饰应用到现代服饰的过程中，主动地与品牌进行合作，为品牌的产品加入传统民族服饰元素，既可以是服装行业内的自有品牌，也可以是非服装行业但是关联度极高的其他品牌。品牌开发联动策略的应用价值在于能够借助品牌自身的影响力与号召力来吸引大众的注意力，让更多的人将目光投放在传统民族服饰上。尤其是很多品牌擅长营销推广，提高自己的曝光度，这些都能让传统民族服饰有更多的机会搭载多样化的渠道被大众认知。此外，品牌成熟的体系能够让传统民族服饰自然巧妙地应用到现代服装设计领域中，避免生硬僵化的操作。品牌开发联动的过程是一个开创以传统民族服饰为代表的传统民族服饰文化与现代服饰文化创新结合的品牌开发过程。如果运营顺利，在市场上赢得不错的口碑，则传统民族服饰在未来的创新性传承发展中也可以尝试走品牌道路，为自身带来更多的溢价，提高美誉度。

第三，应用场景开发策略。传统民族服饰别具特色的设计图案等焕发出独特迷人的魅力，但是我们很少看到有人将其他民族的传统服饰作为自己的日常服饰来着装，这与地域情况、文化审美等都有一定的关系。为了让各种各样的传统民族服饰有更多的曝光机会，在将其应用到现代服装设计领域时，可以采用应用场景开发策略。具体来讲，就是为传统民族服饰与现代服饰的结合开发出特定的情境，让人们可以在情境中体验传统民族服饰，比如婚庆场景、宴会场景等。随着人们经济水平的提高及审美的多元化趋势，婚庆（宴会）服饰正受到越来越多人的重视。以中式婚服（礼服）为例，作为传统服饰文化的一个品类，中式婚服（礼服）在传承华夏文明的过程中也在不断寻求传统文化与现代服饰的契合点，在提取经典元素的同时摒弃一些旧形式，这也让中式婚服（礼服）掀起了一股新的气息。其他的传统民族服饰也可以借鉴于此，既可以将传统民族服饰中的婚庆服饰与现代服饰结合，让其更符合现代年轻人的审美，又可以中式婚服（礼服）为主，加入一些其他民族的传统服饰元素。再比如，近年来，国学热的兴起让越来越多的年轻人都开始将目光聚焦在我国的传统服饰上（如传统汉服），年轻人不仅穿着汉服来拍艺术照，有的还穿着汉服行走在大街上，将其视作是自己日常服饰的其中一款，这体现出年轻人对传统文化的接受程度越来越高。传统民族服饰也可以借鉴于此，将不同民族的传统服饰元素与汉服元素相结合，可以感受不同民族的日常生活文化。总体来讲，应用场景开发策略旨在让传统民族服饰可以有更多的机会，以更多元的形式呈现在人们面前。与此同时，应用场景开发也能让服装设计师将传统民族服饰应用到现代服装设计领域中时有更开阔的思路，从实用性到欣赏性、从生活性到娱乐性等，以更具创新性的方式来传承传统文化。

第四，文化内涵彰显策略。传统民族服饰作为传统民族文化的一种载体，具有丰富的文化内涵。因此，在将传统民族服饰应用到现代服装设计领域中时，可以采用文化内涵彰显策略。比如，以蒙古族传统服饰中的头饰、配饰、帽饰为例，男性与女性、青年与幼童、已婚与未婚等在头饰佩戴、服装穿搭等各方面都有区别和讲究，通常我们可以从衣服的细节上对衣服的穿戴者有一个基本的认知，现代服装设计则相对缺乏这种辨识度极高的设计理念，这与现代服装设计所处的时代及大众流行审美有关。服装设计师可以将这些有隐喻意义的服饰元素巧妙地嫁接到现代服装设计当中。比如，传统民族服饰中的图案设计、色彩搭配等都是传统民族文化的一种缩影，它们都有各自的内涵在里面，服装设计师在设计时可以让这些元素为传统文化发声。有条件的地方可以举办服装展览活动，使服装设计师能够有机会向社会大众来解释自己的设计理念，将传统民族服饰的内在文化魅力释放出来。

四、中职服装设计与制作专业现状

要解决传统民族服饰缺乏传承人的难题，在中职院校服装设计与制作专业的学生中培养传承人就是最好的办法，尤其是培养从小在传统民族文化熏陶下长大的少数民族的学生。但是，目前，大多数中职院校的服装设计与制作专业是按照国家统一的教学大纲及教材实施教学，很少涉及少数民族的传统服饰内容。虽然有些中职院校的服装设计与制作专业在教学中也会讲到传统民族服饰，但往往只是泛泛而谈，没能很好地深入研究并加以教学，没能使学生更好地了解及学习传统民族服饰的寓意及其制作的技艺。教学过程中没有教会学生制作传统民族服饰，也没有把传统民族服饰元素运用到现代服装、服饰创新设计中，更不用说传承了。

五、传统民族服饰融入中职服装设计与制作专业教学的重要性

以广西为例，将当地的传统民族服饰融入广西中职的服装设计与制作专业教学，不仅仅是为了培养广西传统民族服饰的传承人。随着旅游业及传统民族文化的大力发展，越来越多的地方需要大批的民族服装、民族服饰制品，如演出或宣传用的传统民族服装及一些手工艺品。因此，那些设计和生产传统民族的服装企业及服装行业急需一批懂得传统民族服饰知识的高素质、高技能、创新能力强的复合型技术人才。例如，广西一些文化艺术公司每年都向社会招聘员工，特别需要高素质、高技能且懂得传统民族服饰的专业技术人才，不惜出重金与院校合作，提供设备、技术，以培养相关的专业技术人才。这也给广西中职院校服装设计与制作专业的学生提供了良好的就业机会。

随着人们物质生活水平的不断提高，人们对服装提出了更高的要求，具

有传统民族特色的服装越来越受到人们的青睐，且具有传统民族特色的服装在国际上也屡屡获奖。"只有民族的，才是世界的"，也就是说，"民族的文化，就是世界的文化"。近几年来，人们也越来越喜欢这种根植于传统文化的时尚风格，但只有对传统民族服饰进行全面的分析、整理、提炼，找到传统民族服饰与社会需求的结合点，才能得到消费者的认可。为了使传统民族服饰及其工艺得以传承，也为企业培养既懂得传统民族服饰，又会现代服装设计与制作的高素质、高技能且具有创新精神的专业技术人才，传统民族服饰融入中职服装设计与制作专业教学是具有现实意义的。

六、传统民族服饰融入中职服装设计与制作专业教学的做法

首先，教师要学习和了解各种传统民族服饰，深入到各少数民族地区，挖掘具有民族性的服装、服饰以及有特色的服饰工艺制品，结合本地区民族服装服饰行业对专业人才的要求，以学习传承民族传统技艺、把传统民族服饰元素融入现代服装设计为思路，形成一套完整的教学内容，并制订相关的学习方案。例如，让学生通过手绘各民族的服装服饰元素图案，提高学生对各民族的服装服饰的认识能力及兴趣。再让学生动手制作，主要学习各民族服饰的制作方法，如了解服饰的纺织、印染、刺绣和配饰工艺等。接着突出民族服饰技艺的学以致用，鼓励学生把传统民族服饰元素融入自己设计的作品当中。

组织学生参观博物馆等，对中职院校服装设计与制作专业的学生学习传统民族服饰很有必要。大多数博物馆中都会收藏展出各民族的服装、服饰制品，以及加工设备，如纺织机器、手工艺制作工具等。要求学生不仅要了解自己的民族服饰、手工制品，还要了解其他民族的，并要做好收集、记录和整理工作。学生只有在近距离了解到传统民族服饰文化后，对传统民族服饰文化才会有一个大体的认识。参观博物馆可以激发学生学习传统民族服饰文化的兴趣，也让学生深刻感受不同民族独特又深厚的人文底蕴，提高对传统民族服饰文化的认知。

学生学习传统民族服饰有一定基础以后，可以邀请一些有代表性的民族手工艺水平较高的民间艺人到学校，现场制作传统民族服饰相关的作

品，或让民间艺人手把手地教学生，传授技艺。同时，有些学生所在的家乡就有本地的民间艺人，教师也要鼓励从农村来的少数民族的学生在放假期间向这些传统民族服饰的民间艺人学习技艺，也可以通过学生邀请这些民间艺人来学校给学生授课。教师可以收集传统民族服饰作品，在教学过程中对传统民族服饰实物进行作品展示、讲解其结构及图案。这样教学更直观，学生更容易学懂学会。

如果有条件，学校的实训基地中除了有各种现代服装加工设备，还应当配备一些特色民族服饰的制作设备，如刺绣、织锦、纺织机器、印染设备，以及各种材料等，以满足学生在传统民族服饰方面的实训教学。这样也能让学生在课余时间进行传统民族服饰的自由创作。

传统民族服饰中的图案多种多样，学生如何借鉴传统民族服饰图案来增加服装设计的艺术感和价值，是教师在教学中首要解决的问题。教师要收集大量的素材来引导学生理解各民族服饰精髓，并结合现代题材进行再创作。让学生根据所学传统民族服饰知识，将传统民族服饰的造型与现代服饰相结合。

学生设计与制作的带有传统民族服饰元素的作品完成后，可以将作品进行展示。优秀的作品拿去参加比赛或展演，在学校举行的各种活动上进行展示，在学校的招生宣传室内静态展示，等等。以此来检验传统民族服饰融入中职服装设计与制作专业教学的教学效果，突出专业特色。这样一来，学生也会有成就感，也有了动力，学习积极性就会不断提高。还可以鼓励学生把自己设计的带有传统民族服饰元素的作品拿到市场上、网店中或在校园内适当地售卖。看到自己设计的带有传统民族服饰元素的作品被别人认可，也是学生进一步了解传统民族服饰的动力。

我们今天还能看到的各种浓厚的传统民族服饰文化是祖辈们在日常生活中创造的、流传下来给我们的一笔巨大财富。用现代服装设计的策略，把传统民族服饰元素与现代服装结合，设计出既时尚又有本民族情趣韵味的民族服饰，才能让传统民族服饰这个文化的瑰宝推陈出新，继续发扬光大，并把我们传统民族服饰推向世界服饰的舞台。作为社会发展的接班人，我们也有责任让自己的传统民族服饰文化得以弘扬、传承与发展。

基于企业化服装专业人才培养模式的研究与实践

一、实施背景

"企业化"服装专业人才培养模式是职业教育办学的典型之一。以德国的"双元制"为例，德国发达的机械制造业与其成熟的职业教育是密不可分的。职业教育的人才培养模式应不断适应企业、行业的需求，以提高人才培养质量和职业素养为目标，适应经济发展新常态和技术技能人才成长成才的需要，完善产教融合、协同育人机制，全面提高人才培养质量。深化校企合作，推行企业化服装专业人才培养模式，创新人才培养机制，形成了较完整的产业体系，为中职企业化的人才培养模式提供了理论依据。

二、工作目标

结合当下服装企业发展的人才需要，按照企业化人才培养模式，改革与创新相结合，努力打造广西中职学校中最具特色的服装设计与制作专业。

企业化人才培养模式的实训教学，体现在校内岗位模拟、校外顶岗实习等方面。实训室的建设规划要与市场反馈信息吻合，并具有超前意识。服装专业建设实施企业化生产模式，按企业的架构设置部门，按企业的模式运作并细化项目，如设置设计研发部、生产部、营销部、人力资源部、模拟品牌陈列室等。企业化人才培养模式模拟企业的架构进行人才培养，认真研究企业的架构是首先要做的工作，在此基础上，对学校的教学资源进行整合，按照企业的架构进行重组，为学生构建一个真实的教学环境。

三、工作过程

1. 构建企业化机制，进行"学校工厂化，车间产业化"

近年来，学校越发重视"学校工厂化，车间产业化"的办学理念，尤其是服装专业。比如，从 2010 年起与学校进行"学校工厂化"的七匹狼集团有限公司，是一家主要以生产正装和运动服装，集产品研发、生产和销售于一体的服装企业集团。学校在充分了解这家企业所需岗位的标准和要求后，与之深度合作，进行"订单式培养"。至今已有三届毕业生到公司顶岗实习和就业，而且稳定率在 80% 以上。"学校工厂化，车间产业化"是学校根据用人企业或单位的需要，与用人单位共同制订人才培养方案，签订学生就业订单，并在师资、技术、设备等办学条件方面进行深度合作，学生毕业后通过企业和学校的双重考核，直接选聘毕业生进入企业或单位就业的一种培养模式。这种模式已普遍得到社会的认可，它实现了职业教育从传统的学校单方面育人的体系到现代多元化教育体系的转变，以提升学生的企业岗位适应能力、技术水平和职业素养，符合人才就业双向选择的基本要求。

2. 提升师资队伍业务水平

作为职业教育的教师，应该既是理论专家，同时又是能工巧匠的"双师型"教师。因此，学校首先应派专业教师到企业参与企业的运作，了解岗位技术标准，掌握相应的岗位技能；其次是鼓励教师继续深造，提升学历，增强自身的综合能力；最后是引进企业技术专家进校开展针对性的专业讲座，最大限度地提高教师的业务水平，为学校发展做好人力资源保障。

3. 进行课程改革，校企共同制订人才培养方案

在校企合作的模式下，应同时满足企业和学生的需求，针对校企合作

的"学校工厂化，车间产业化"培养的具体方案，以企业岗位能力为核心，以适应企业的用人需求为标准，校企双方共同制订教学计划。在课程安排上，侧重实训课技能的教学，使学生就业后不需要再进行岗前培训，即能适应岗位工作的需要。

在校企合作下，专业教师和企业师傅共同参与课程标准的设置与校本教材的开发，注重岗位要求、岗位能力分析、模块知识内容、职业素养和学生的可持续性发展等方面，形成实用又有一定理论深度的、合理的课程体系，并共同制订人才培养方案。

4. 开展项目教学，培养学生掌握技能

要培养缝制工艺师，必须开展服装样衣制作和缝纫设备应用项目的训练，包括学会看服装制单文件、能编排缝制工艺的生产流程、能熟练制作服装的各个加工工序、能灵活应用缝纫设备和熨烫设备来完成服装各个加工工序的生产、具有服装质检员的技术知识和工作能力等有关的知识学习和技能训练，通过考核使学生制作出来的样衣符合企业产品生产的标准。

在缝纫工岗位的培养方面，采用"工学结合"的培养办法。比如，学习某款服装的缝制工艺，教师可以按照企业的生产加工程序，先教会学生制作服装的各个加工工序，然后教授学生编排服装加工的生产流程，接着模拟企业的生产，进行成衣的制作实习，再到工厂参与产品的生产实践，最后由教师和企业师傅进行总结。

这种特定岗位项目的教学法，使学生学习的知识和技能既能符合企业岗位的用工要求，又能开拓学生的思维能力和创新能力。

5. 制定考核标准，培养合格人才

根据中华人民共和国教育部提出的改革人才评价制度的要求，探索社会、行业、企业、用人单位和学校等多元化的人才评价方式，以企业岗位能力和职业素养为学校专业教学质量评价的重要依据。由此可见，制定符合服装企业岗位用工需要的技术知识和技能考核标准是培养服装专业合格人才的关键，使培养人才的规格和标准有了参考依据，如"服装设计定制工""服装打板师""服装制作工""服装 CAD"等职业资格技能的考查。学校参考国家职业资格证书的考核办法，根据企业岗位的用工标准来制定

各个能力模块的考核内容、级别、方法和评分标准，以标准来规范教学，培养合格的人才。

6. 推行"学校工厂化，车间产业化"的人才培养模式

推行"学校工厂化，车间产业化"的人才培养模式。前三个学期采用"工学交替"的人才培养模式，学生在学校学习文化课程知识、专业理论知识，并在设备实训室进行专业技能训练，其间安排到"校内工厂"进行企业生产实践。第四学期根据企业"订单"的要求，参照企业和学校共同制订的人才培养方案，依照特定岗位的用工标准，进行定向培养。其间部分课程由企业承担，并加大实训和生产实践环节。"订单"生的考核、评价体系与指标由学校和企业共同制定。第五和第六两个学期安排学生到合作企业进行为期一年的顶岗实习，直接参与企业产品的生产实践，学生经过一年的顶岗实习成长为一名完全胜任企业生产工作的合格服装工人，同时也为学生创造所在顶岗实习的服装企业提升和发展的机会。

四、保障措施

在国家相关政策的支持与指导下，本专业在建设过程中，明确分工，落实责任，严格管理。同时，学校为本专业搭建了校企合作平台，为师生提供了企业实践的机会，校企双方可共同完成课程的建构、教学的改革、实训基地的建设、学生能力的提高、质量的评价等工作。在学生管理方面有中职学生行为管理手册的相关规章制度，确保学生在思想品德教育等方面都能符合国家思政教育方针路线。

在教学设备与技术保障方面，我校服装设计与制作专业配备有专业配套的实训室，有数量充足的先进实训设备，保证了学生在校期间的实训活动。

五、主要成果与成效

以学校服装设计与制作专业实施"学校工厂化，车间产业化"的人才培养模式为例，从 2010 年开始到 2015 年的六年间，培养的毕业生约有 850 人，其中 95% 的人通过考证，获得"服装设计定制工"中级职业资格

证书。并有许多毕业生选择留在校企合作的实习企业就业，有效地解决了毕业生就业问题。

就整个学校来看，开展"学校工厂化，车间产业化"的人才培养模式以后，在各个方面都取得了可喜的成绩。2010—2015 年，学生参加广西壮族自治区中职学校服装设计与制作大赛，分别获得区级（参加三届）一等奖 4 项，二等奖 10 项，三等奖 10 项。

六、体会与反思

职业教育是以培养专业技能和职业素养为主的教育，它要直接为社会输送合格的劳动者。既能培养出符合企业岗位需要的应用型技能人才，又能满足学生自身专业的长远发展，这是中职学校提高人才培养质量的目标。以提高中职生的社会服务能力为宗旨，面向行业、企业、社会和市场，不断改革和完善人才培养模式。